煤矿安全与风险管控研究

黄已芯◎著

吉林大学出版社
·长春·

图书在版编目（CIP）数据

煤矿安全与风险管控研究 / 黄已芯著 . -- 长春：吉林大学出版社 , 2024.4
ISBN 978-7-5768-3164-1

Ⅰ . ①煤… Ⅱ . ①黄… Ⅲ . ①煤矿 – 矿山安全 Ⅳ . ① TD7

中国国家版本馆 CIP 数据核字 (2024) 第 091982 号

书　　名	煤矿安全与风险管控研究
作　　者	黄已芯　著
策划编辑	殷丽爽
责任编辑	殷丽爽
责任校对	李　莹
装帧设计	守正文化
出版发行	吉林大学出版社
社　　址	长春市人民大街 4059 号
邮政编码	130021
发行电话	0431-89580036/58
网　　址	http://www.jlup.com.cn
电子邮箱	jldxcbs@sina.com
印　　刷	天津和萱印刷有限公司
开　　本	787mm×1092mm　1/16
印　　张	11.75
字　　数	200 千字
版　　次	2025 年 3 月　第 1 版
印　　次	2025 年 3 月　第 1 次
书　　号	ISBN 978-7-5768-3164-1
定　　价	72.00 元

版权所有　　翻印必究

前 言

虽然我国有着众多数量的煤炭企业，并且其分布范围十分广泛，但是其所处的地质条件较为复杂，煤炭企业的装备水平较为落后。同时煤炭企业是劳动密集型产业，其从业人员数量十分庞大，安全生产问题显著，煤矿行业成为工矿商贸企业中的高危行业。党中央、国务院历来高度重视煤矿安全生产工作，各级政府和煤矿企业长期坚持"以人为本、安全发展、科学发展"的理念，始终坚持"安全第一、预防为主、综合治理"的方针，经过不懈的努力，煤矿安全生产形势明显好转，我国煤矿重大事故的发生率明显降低。

值得说明的是，虽然我国煤矿安全问题已有明显改善，但与国外先进的采煤国家、国内的先进行业相比较，我国的煤矿安全生产形势仍然十分严峻，并没有完全遏制重特大事故发生。影响煤矿安全生产的主客观因素长期存在，煤矿时刻面临着水、火、瓦斯、矿尘、矿压等危及矿工生命和安全生产的各类事故灾害的威胁。煤矿生产工作安全基础相对薄弱，煤矿企业科学化管理水平仍然较低，行业内部发展不平衡，安全管理体制、机制和体系的问题还没有得到根治，要想实现安全生产，其难度较大。只有根据我国国情与煤矿行业的实际情况，同时运用先进的理念与方法，建立一个有效的安全管理体系，才能为煤矿企业的安全工作提供坚实有力的支撑，从根本上解决我国煤矿安全管理的突出问题。

本书共分为五章，从煤矿的安全与风险管控两大部分展开论述。本书第一章为煤矿安全生产管理概述，主要从四个方面展开分析：我国煤矿安全生产的形势、煤矿安全生产与管理的基本知识、煤矿从业人员的安全素质、煤矿安全管理体系的准则。本书第二章为煤矿安全事故成因研究，主要分析了煤矿安全事故的技术不确定性、煤矿安全事故的制度成因、煤矿安全事故的心理成因、煤矿安全事故的文化成因。本书第三章为煤矿安全事故的防治，一共分为六个部分：矿井瓦斯防治、矿井粉尘防治、矿井火灾防治、矿井水灾防治、其他安全事故防治、自救与互救。本书第四章为煤矿生产危险源识别与风险预警系统建立，主要从三个方面展开论述，分别为煤矿生产危险源识别分析、煤矿生产危险源风险预警概述、煤矿生产危险源风险预警系统的建立。本书第五章主要阐述了煤矿安全生产的风险分级管控，一共分为三个部分：安全风险分级管控的工作机制、安全风险的管控、安全风险管控的保障措施。

在撰写本书的过程中，作者参考了大量的学术文献，得到了许多专家学者的帮助，在此表示真诚感谢。本书内容系统全面，论述条理清晰、深入浅出，但由于作者水平有限，书中难免有疏漏之处，希望广大同行及时指正。

黄已芯

2023.08

目 录

第一章 煤矿安全生产管理概述 ... 1
- 第一节 我国煤矿安全生产的形势 ... 1
- 第二节 煤矿安全生产与管理的基本知识 ... 16
- 第三节 煤矿从业人员的安全素质 ... 23
- 第四节 煤矿安全管理体系的准则 ... 28

第二章 煤矿安全事故成因研究 ... 32
- 第一节 煤矿安全事故的技术不确定性 ... 32
- 第二节 煤矿安全事故的制度成因 ... 41
- 第三节 煤矿安全事故的心理成因 ... 47
- 第四节 煤矿安全事故的文化成因 ... 54

第三章 煤矿安全事故的防治 ... 73
- 第一节 矿井瓦斯防治 ... 73
- 第二节 矿井粉尘防治 ... 78
- 第三节 矿井火灾防治 ... 84
- 第四节 矿井水灾防治 ... 95
- 第五节 其他安全事故防治 ... 102
- 第六节 自救与互救 ... 109

第四章 煤矿生产危险源识别与风险预警系统建立 113

第一节 煤矿生产危险源识别分析 113
第二节 煤矿生产危险源风险预警概述 129
第三节 煤矿生产危险源风险预警系统的建立 144

第五章 煤矿安全生产的风险分级管控 149

第一节 安全风险分级管控的工作机制 149
第二节 安全风险的管控 168
第三节 安全风险管控的保障措施 176

参考文献 181

第一章 煤矿安全生产管理概述

本章为煤矿安全生产管理概述,共分为四个部分:我国煤矿安全生产的形势、煤矿安全生产与管理的基本知识、煤矿从业人员的安全素质、煤矿安全管理体系的准则。

第一节 我国煤矿安全生产的形势

一、我国煤矿的安全生产状况及存在的问题

(一)近年来我国煤矿事故情况分析

1.2010—2021 年煤矿安全事故的基本情况

我国煤炭开采过程中存在很多不可预知的危险因素,这些因素会对煤矿生产企业的人员安全造成一定的威胁,甚至可能会对工人的身体健康造成危害。以 2010—2021 年的煤矿生产安全事故发生情况为例,表 1-1-1 为 2010—2021 年煤矿安全事故详细情况。

表 1-1-1 2010—2021 年煤矿安全事故详细情况[①]

年份	事故发生数量/起	死亡人数/人
2010	130	869
2011	152	609
2012	96	479
2013	74	469
2014	64	354

---

① 赵亚军,张志男,贾廷贵.2010—2021 年我国煤矿安全事故分析及安全对策研究[J].煤炭技术,2023,42(08):128-131.

续表

年份	事故发生数量/起	死亡人数/人
2015	59	235
2016	41	287
2017	49	164
2018	92	179
2019	133	299
2020	122	225
2021	91	178

可以看出，在近几年中，我国的煤矿安全事故总体上呈现下降趋势，这离不开科技水平的发展，离不开工人和技术人员的素质与安全意识的提高、开采装备的发展进步，以及安全管理理念的更新，更离不开国家相关政策的出台。

2. 煤矿安全事故数量及伤亡人数分析

为了更精准地分析全国煤矿近年来的生产安全现状，作者根据2010—2021年煤矿安全事故详细情况作出相应的统计图，如图1-1-1和图1-1-2所示。

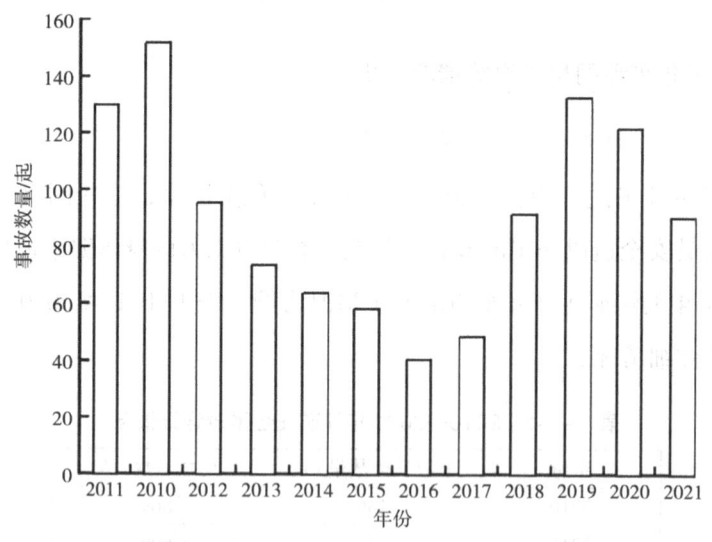

图1-1-1 我国煤炭安全事故数量统计图

由我国煤炭安全事故数量统计图（图1-1-1）可以看出，2010—2016年煤矿安全事故数总体呈下降趋势，同比下降73.03%；2016—2020年煤矿安全事故数总体呈上升趋势，同比增长69.17%；2020—2021年煤矿安全事故数总体呈下降趋势，同比下降25.41%。2010—2021年煤矿安全事故数总体呈下降趋势，同比下降30.00%。

由我国煤炭安全事故死亡人数统计图（图1-1-2）可以看出，2010—2021年我国煤矿安全事故死亡人数总体呈下降趋势，同比下降81.13%。

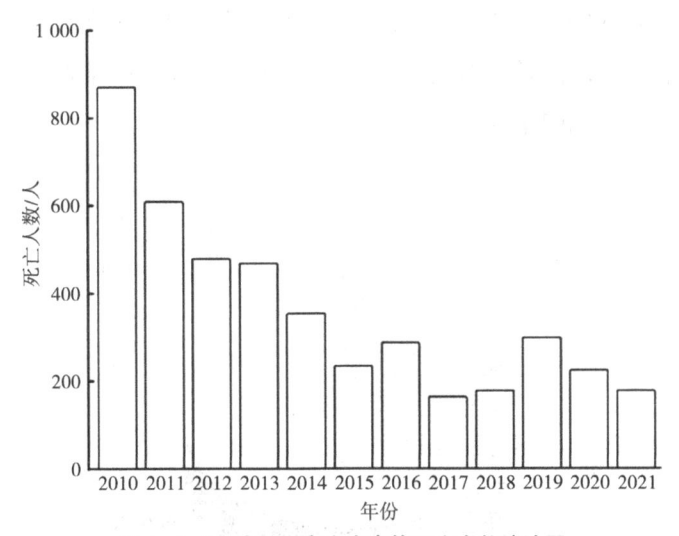

图1-1-2 我国煤炭安全事故死亡人数统计图

结合我国煤炭安全事故数量、我国煤炭安全事故死亡人数分析结果，认为导致这种情况的原因如下。

（1）自2010年起，为全面贯彻落实国家有关方针，全国各煤矿企业纷纷开展"安全生产年""安全生产月"等一系列有关活动。坚决杜绝"三违"行为，相关部门加大对煤矿生产的监督监管力度，促进煤矿安全工作向着更高水平发展；在此基础上，对我国安全监察执法工作中的典型经验作了系统的整理与归纳，有利于我国监察执法水平的不断提升。在这之后，2010—2016年中，煤矿安全事故的发生率和死亡人数都呈现下降趋势。

（2）2016—2020年，是我国的"十三五"发展期间。在这期间，煤炭资源地开发为推动经济高速发展作出重要贡献。但对煤炭需求量的增加，使得煤矿企业的事故发生率也呈现上升趋势。在这期间，我国又提出了"以人为本，安全发展"的理念。正是这一理念的提出，使得在2016—2020年的煤矿事故数量是上升的趋势，但是死亡人数是下降的趋势。

（3）2020—2021年，疫情的突然爆发，使得国家的经济受到了一定的影响，在这期间，煤炭的需求量下降，因此，煤矿安全事故与死亡人数都呈现出下降的趋势。

3. 煤矿安全事故等级分析

根据国务院颁发的《生产安全事故报告和调查处理条例》将事故按其造成的影响分为4个等级，作者根据划分依据，对2010—2021年煤矿安全事故进行了分级，如图1-1-3和图1-1-4所示。

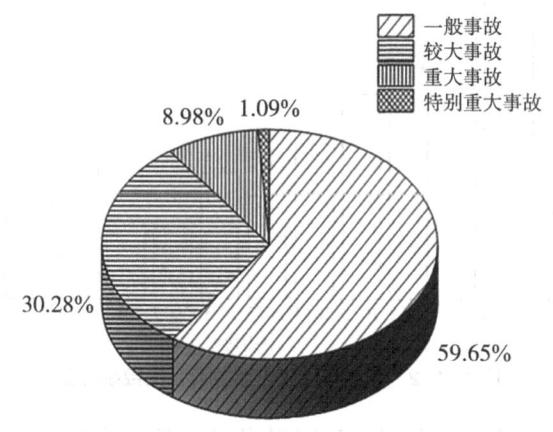

图 1-1-3　各级煤矿安全事故起数饼状图

一般、较大、重大、特别重大事故起数依次为658起、334起、99起、12起；分别占比59.65%、30.28%，8.98%，1.09%。

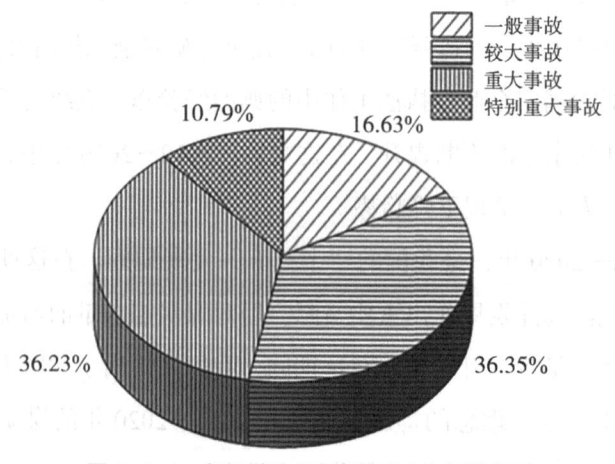

图 1-1-4　各级煤矿安全事故死亡人数饼状图

从低到高等级事故造成的人员死亡人数依次为 723 人、1 580 人、1 575 人、469 人；分别占比 16.63%、36.35%、36.23%、10.79%。

分析认为一般、较大事故占比 89.93%，为我国煤矿安全事故中主要的事故类别，此类事故频频发生能够表现出煤矿员工安全意识相对较低，也在一定程度上体现出我国煤炭产量之高、煤矿数量之大的特点。虽然重大事故与特别重大事故发生得较少，仅占事故总数的 10.07%，但是这两种级别的事故造成的影响非常严重，死亡人数相对较多，占 47.02%，其中特别重大事故平均死亡 39 人，这类事故不仅危害严重，而且给社会带来非常恶劣的影响。2017—2021 年重大事故及特别重大事故每年的发生率也降低到了个位数，甚至特别重大事故这几年的发生率为 0。从这可以看出我国加强了对煤矿安全领域的高度重视，通过"3E"（强制管理（Enforcement）、教育培训（Education）、工程技术（Engineering））原则从根本上消除了危险源。

4.煤矿安全事故类型统计分析

煤矿事故类型具有普遍性，可以通过对不同类型事故的统计分析，来找到一些切实有效具有针对性的防控措施。我国煤矿安全事故中最常见的有瓦斯事故、中毒窒息、顶板、水灾、运输、机电、火灾、爆炸事故和其他事故等类型。根据事故类型对 2010—2021 年的事故进行了分类，如表 1-1-2 和图 1-1-5 所示。

表 1-1-2 2010—2021 年煤矿各类安全事故起数和死亡人数[①]

事故类型	事故起数/起	死亡人数/人
瓦斯事故	276	1391
机电事故	55	87
水灾	143	348
顶板事故	386	1 435
爆炸事故	66	391
运输事故	121	217
其他	56	478

---

① 赵亚军，张志男，贾廷贵.2010—2021 年我国煤矿安全事故分析及安全对策研究[J].煤炭技术，2023，42（08）：128-131.

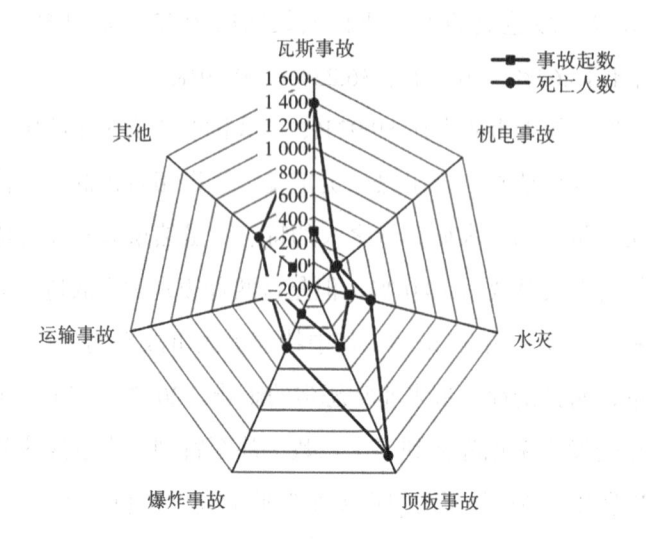

图 1-1-5 各类事故数和死亡人数分布图

可以看出，在煤矿各类安全事故中，占比最高的是顶板、瓦斯、爆炸事故，这些事故是需要重点整治的主要事故类型。这些事故的发生严重影响了我国煤矿企业的安全生产工作，同时也为社会带来了严重的影响。

（1）顶板事故在 2010—2021 年中，共发生了 386 起，在总事故类型中占比 35%；共造成了 1 435 人死亡，占比 33.01%。这也意味着平均每一起顶板事故中，就有 3.72 人死亡，给我国煤矿安全生产工作带来了极为不利的影响。这种情况发生的原因主要有两方面：一是社会对煤矿资源的需求不断加大，使得煤矿开采只能不断加深深度，但我国的地质构造较为复杂，同时在地应力的作用下，使得顶板的赋存条件变得更加恶劣，进而使得顶板管理更加困难。二是虽然技术的发展，使得顶板的防护能力有了一定的提高，但是顶板的管理方式、方法，以及设施设备还比较落后，所以导致顶板事故的频繁发生。

（2）瓦斯事故在 2010—2021 年中，共发生了 276 起，在总事故类型中占比 25.02%；共造成了 1 391 人死亡，占比 32%。这意味着在平均每起瓦斯事故中，就有 5.04 人死亡，可见，瓦斯事故的危害程度也是严重的。由于受自然条件的影响，我国四川、山西等地是高瓦斯分布地区，这使得这些地方的矿井存在高瓦斯涌出的危险，极大地增加了这些地方瓦斯安全事故的发生概率。当前，在煤矿开采过程中，运用了各种监测检测瓦斯的设施设备，也运用了安全防护设施，这减少了事故发生的概率，降低了其带来的危害程度，但是，还会有一些不安全因素存在，使得瓦斯事故会频繁发生。

（3）尽管爆炸事故的发生频率不高，仅占比5.98%，但每次事故的发生都会带来严重的危害，平均每起事故会导致5.92人死亡。因此必须采取适当的措施以确保事故带来的影响和损害被最小化，同时确保事故产生的后果处于可控范围之内。

5. 煤矿安全事故发生时间统计分析

如图1-1-6所示，通过我国煤矿安全事故的发生次数，可以看出其发生的时间具有一定的规律性，在不同的季节、不同的月份，其发生的次数也各不相同。

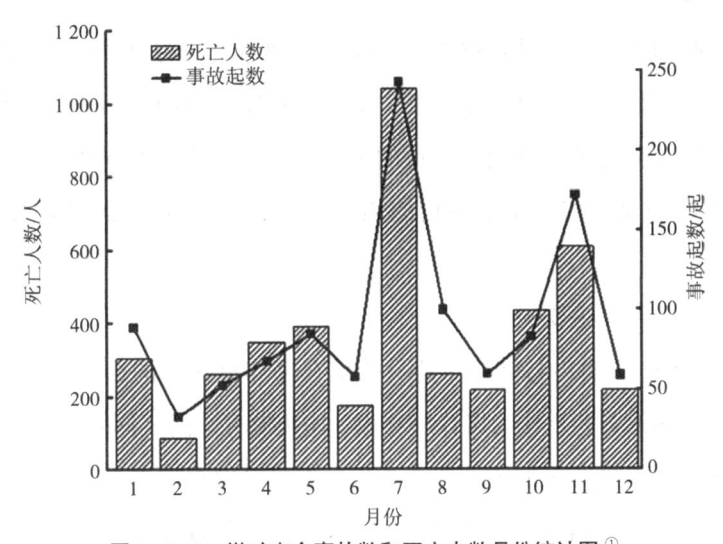

图1-1-6　煤矿安全事故数和死亡人数月份统计图①

由煤矿安全事故数和死亡人数月份统计图可以看出，事故起数和死亡人数存在明显的季节化差异，全年的事故起数和死亡人数主要分布在夏季，占全年事故起数36.36%，死亡人数占比34.00%。还可以看出，全年中2月份的事故起数和死亡人数都是最少的，分别为33起，87人，分别占全年的2.99%、2.00%。7月份事故起数及死亡人数最多，分别为243起、1 043人，分别占比22.03%、

---

① 赵亚军，张志男，贾廷贵.2010—2021年我国煤矿安全事故分析及安全对策研究[J].煤炭技术，2023，42（08）：128-131.

23.99%。此现象的原因是每年二月前后正值春节，在这期间上级部门对安全检查和监管力度加强，同时也因社会对煤矿资源需求的减少、员工放假等各种因素，此期间会有"双低"现象。而7月是事故高发月份，这是因为天气炎热干燥，人们的用电量增加，从而引起对煤炭的需求量增加。另外，由于天气炎热等原因，煤矿工人可能会感到疲劳和懈怠，这会使他们在工作过程中的注意力和警惕性降低，从而导致安全事故的发生。

（二）我国煤矿典型事故案例及问题分析

1. 南山煤矿"11·12"特别重大炸药燃烧事故

2006年11月12日，山西省晋中市灵石县王禹乡南山煤矿井下发生特别重大炸药燃烧事故，造成34人死亡。

事故直接原因：该矿井在爆炸材料库内违规存放含有氯酸盐的铵油炸药，由于其化学性质不稳定，极易发生自燃，加之材料库内潮湿、不通风，使得氯酸盐与硝酸铵发生了分解放热反应，热量的不断加大，最终导致炸药自燃，同时还引起了材料库内的煤炭与木支护材料的燃烧，生成了大量有毒气体，造成了人员死亡。

事故暴露出以下主要问题。

（1）违规违法购买与储存炸药。该矿在爆炸材料库的选择上，选择了没有独立通风系统的独头巷道作为爆炸材料库，违规储存炸药。同时还违法购买炸药，私自购买了大量的含有氯酸钾的非法炸药，并将其储存在井下的爆炸材料库，储存量高达5.2 t，这一储存量已经超过了《煤矿安全规程》中规定的存放量。更为严重的是，该矿还将炸药与电雷管存放在同一材料库内。

（2）私自建立开采煤层。该矿的主井没有按照有关部门的批准建立在规定范围内，并且私自开采未经许可的煤层。

（3）该矿在证照过期、被暂时扣留的情况下，还在违法组织生产，并且将井下的生产任务外包给无资质的包工头，包工头还会层层向下分包，在超权限和超定员的条件下组织生产。

（4）安全管理方面十分混乱。不仅没有专职的放炮员，并且在领用井下爆破器材方面的管理也没有秩序。另外，没有按照规定给井下工作人员配备自救器。该矿的图纸与资料也没有将井下的真实情况反映出来。

（5）在事故发生之后，该矿由于没有按照有关规定上报当地政府与有关部门，使得包括矿主在内的煤矿主要管理人员都已逃之夭夭，从而为后续的事故抢险与救援带来极大的困难。

（6）地方政府与有关部门对该矿的查处力度不大，从而没有及时发现该矿违法组织生产、超层越界开采煤层、井下私藏炸药等违法违规问题。

2. 二亩沟煤业公司"11·18"瓦斯爆炸事故

2019年11月18日13时，山西省晋中市平遥县峰岩煤焦集团二亩沟煤业有限公司发生一起瓦斯爆炸事故，造成15人死亡，9人受伤（其中1人重伤），直接经济损失2 183.41万元。

事故直接原因：二亩沟煤业违法开采安全煤柱，贯通9103采空区，造成采空区瓦斯大量涌入煤柱回收工作面，违章爆破产生明火引爆瓦斯。

事故暴露出以下主要问题。

（1）违法开采安全煤柱。违法开采9102运输顺槽与9103工作面采空区之间的安全煤柱，导致煤柱回收工作面与9103工作面采空区直接贯通。

（2）通风管理混乱。采用局扇供风，未形成独立的通风系统，乏风串入临近的高档普采工作面，并且没有安设甲烷等传感器。

（3）违章爆破作业。爆破人员无证作业，未执行"一炮三检"和"三人连锁爆破"制度，使用煤粉和炭块封堵炮眼，且爆破时没有撤离人员。

（4）火工品管理不规范。以巷道压底工程的名义冒领火工品用于煤柱回收工作面。事故当班爆破工将电雷管交给无证人员携带入井，违规运送。

（5）擅自变更采煤工艺。将9103工作面设计的综采工艺变更为高档普采工艺，未向有关部门报备。

（6）劳动组织不规范。规定作业形式为"三八"制，实际按"两班"组织生产，工人作业严重超时，带班领导不与工人同时出入井。未给高档普采队工人配备识别卡，事故当班入井105人，携带识别卡的仅有68人，人员位置监测系统形同虚设。

（7）峰岩煤焦集团安全生产主体责任落实不到位。峰岩煤焦集团所属的峰岩煤业的总经理、总工程师分别由二亩沟煤业的矿长和总工程师兼任，上级公司的安全检查流于形式。

（8）地方煤矿安全监管部门履职不到位。派驻的驻矿安监员未发现入井人员不携带识别卡、违规开采煤柱等问题。平遥县煤矿监管五人小组多次检查二亩沟煤业，均未去煤柱回收工作面。县煤矿安全监管巡查队、县应急管理局对二亩沟煤业违法开采安全煤柱等安全隐患失察。

3. 杉木树煤矿"12·14"较大水害事故案例

2019年12月14日，川煤集团芙蓉公司杉木树煤矿发生透水事故，经过88个小时的全力救援，13人成功脱险，5人遇难。

事故直接原因：相邻煤矿越界开采，杉木树煤矿防范措施不到位，来自相邻煤矿的采（老）空水瞬间突破杉木树煤矿N26边界探煤上山绞车房顶部边界煤柱，冲毁该上山下口永久密闭，涌入矿井N26采区，造成5名作业人员溺水死亡。

事故暴露出以下主要问题。

（1）杉木树煤矿对防治水工作不重视。2016年7月，该矿预测矿井后期涌水量已超过600 m^3/h，违反矿井水文地质类型划分"就高不就低"的原则，将矿井水文地质类型划分为中等。水害隐患排查不深入，未收集周边煤矿真实完整的采掘工程平面图等有关资料，对周边相邻煤矿越界边界不清楚，未查清周边煤矿采（老）空水威胁情况，未对N26采区留设的防隔水煤（岩）柱安全状态进行监测。矿井水文地质基础资料缺失，无N26边界探煤上山等地点的掘进地质说明书、探放水设计以及探放水的物探和钻探相关原始资料，2017年编制的《N26采区设计修改说明书》中无针对性防治相邻煤矿采（老）空水相关内容。

（2）杉木树煤矿安全生产责任及水害防治制度不落实。该矿未及时调整安全工作领导小组成员，总工程师未组织召开地测防治水专题会，地测防治水人员变动频繁，技术管理不到位，未按《煤矿防治水细则》及时修订完善相关水害防治制度，未建立重大水害应急处置制度。

（3）杉木树煤矿对监管监察部门提出的问题和隐患整改不彻底。该矿在2019年"4·17"瓦斯超限涉险事故发生后，未按监管监察部门提出的要求，举一反三，全面研判风险，而是就事论事，仅对指出的具体瓦斯问题进行整改，未研判周边矿井采（老）空水对该矿威胁的重大安全风险。事故发生前，监管监察部门两次指出"矿井周边关闭煤矿调查报告内容不全，未绘制相对位置关系图"等问题，该矿仅组织人员对周边区域的地方煤矿进行走访调查，没有根据老空区查明程度制定进一步探查和防治措施。

（4）杉木树煤矿安全培训走过场，应急处置能力不足。该矿将矿井防治水专项培训安排给各基层单位自行组织，事故发生后，矿井安全监控系统多处报警，显示断线、断电，调度员撤人处置不果断，未在第一时间采取停产撤人措施，也未及时向矿长报告。

（5）芙蓉公司防治水责任落实不到位，未编制防治水中长期规划（5年）和年度计划，水害防治岗位职责与实际配备的人员不一致。

（6）川煤集团对各级管理人员形式主义、官僚主义作风治理不力，对芙蓉公司和杉木树煤矿管控防治水重大风险督促不力。

4. 石屏一矿"10·26"较大顶板事故

2019年10月26日，四川省川南煤业泸州古叙煤电有限公司石屏一矿发生较大顶板事故，造成6人死亡、1人受伤，直接经济损失721万元。

事故直接原因：由于受到地质构造、应力叠加、生产组织等因素的影响，石屏一矿13619上综采工作面不能正常推进工作进度，进而使得部分液压支架被"压死"。然而支架上方的破碎砂质泥岩，受到断层裂隙水长时间的浸泡，使得这些砂质泥岩发生软化离散，从而大大降低了其稳定性。在之后作业人员处理被"压死"的支架时，采取了扩帮、卧底的方式进行处理，这使得支架上方那些含有水分的破碎岩，从顶梁的前端迅速进入工作面区域，而垮漏的水石混合物则呈现出泥石流的状态，流向工作面下方掩埋了作业人员，最终导致事故的发生。

事故暴露出以下主要问题。

（1）事故风险识别管控和现场隐患处置工作不力。在13619上综采工作面上，有三条断层，受这些断层的影响，工作面的顶板受到了严重的破坏。尤其是受两条正断层切割而形成地垒构造的影响，又因为其被水泡的时间过长，降低了顶板围岩的强度与稳定性。另外，由于这一工作面的下方是集中应力区，所以加大了这一工作面的压力。这个集中应力区是由13624工作面的采空区形成的。从

9月初开始，13619上综采工作面就一直在处理被"压死"的支架，经历了53天的时间也没有正常推进工作进度，反而使得顶板岩石不断破裂。然而对于上述这些安全风险，管理人员并没有认识到其所带来的安全威胁，因此也没有及时采取相应的措施来避免事故的发生。

（2）生产组织不合理，工作面上、下段对接存在缺陷。在《回采作业规程》中，明确要求13619上综采工作面中应该配备52名作业人员，但实际情况却是，组织生产的安装队实际在册人员只有42人，这使得无法按照规定循环作业，因此导致事故的发生。另外，13619上综采工作面上、下段的对接工作不充分，尤其是在机巷联络巷与工作面煤壁之间的夹角抬高超过6°时，由于没有预先调整该巷道的方位，致使工作面的上下两段刮板运输机对接后无法正常运转，进而严重影响了工作面的正常工作进度。

（3）安全生产投入不足。2019年1—9月生产的原煤为40.07万t，比2018年1—9月的生产量下降了22.7%，同时经营收入与安全费用提取总额也在减少。这主要是因为矿井采掘紧张，同时事故工作面在采掘过程中遇到复杂的断层时，也没有可以代替的工作面能投入使用。另外还因为这一事故工作面投入使用的掩护式液压支架的使用年限超过了7年，设备严重老化，种种因素最终导致事故的发生。

（4）安全教育不力，培训无针对性。在该矿的安全培训教育中，不仅培训方式单一，同时也没有按照工作岗位与工作种类的不同而实行有针对性的培训活动。尤其是安装队的组建，组建人员是从掘进队中调出了30人，并且在安装队组建完成之后，也没有对其开展相应的转岗培训教育。在矿井中，由于人们普遍认为，只要会一定的技巧就不用再进行培训，这使得矿井作业人员没有较高的安全意识与技能水平，并且对现场的作业环境与灾害情况的认知也不够，缺乏应对与处理灾变的能力。

（5）煤矿上级公司的投入保障、人才储备、安全监管不到位。由于古叙煤田公司的经营状况较差，其负担的债务也较高。为了维持运营，公司只能降低职工的收入，同时在安全保障方面的投入力度也不足，这些因素导致公司人才流失严重。而现有的部分管理人员与工程技术人员经验不足，使得煤矿安全管理工作难以得到有效落实。

（6）出资人安全监管职责履行不到位。古叙煤田公司上有四川煤气化公司、泸天化（集团）有限责任公司、泸州市工投集团、泸州市国有资本运营管理公司、泸州市国资委等多个层级。管理层级多、管理关系复杂，导致安全生产责任不清，出资人安全监管职责履行不到位。

5. 树根田煤矿"2·29"较大顶板事故

2020年2月29日，云南省曲靖市师宗恒进商贸有限公司罗平县树根田煤矿发生较大顶板事故，造成5人死亡，直接经济损失786万元。

事故直接原因：3号联络上山掘进工作面违规空帮空顶掘进作业导致顶板垮落。

事故暴露出以下主要问题。

（1）违规组织生产建设。在有关部门未批准复工复产的情况下，擅自组织生产。

（2）蓄意逃避监管。事故前采取不上图纸、不安装安全监控系统、不填写瓦斯检查数据、不制定作业规程、不向煤炭主管部门报备等方式蓄意隐瞒违规生产行为。

（3）安全管理混乱。"五职矿长"配备不全，工作职责不清；安全管理机构不健全，职能部门人员配备不足；采掘作业规程缺乏针对性。

（4）地方安全监管不到位。违规审批同意树根田煤矿延长建设项目工期，未严格对照煤矿复工复建验收标准进行验收，对挂矿包保人员和驻矿监督员履职行为督促检查不到位。

上述事故案例表明，我国煤矿安全生产形势依然严峻，已经在国际上严重影响我国形象，"带血的煤炭"成为我国煤炭行业的代名词，更重要的是不彻底扭转煤矿安全生产局面，必将制约国民经济发展，甚至影响构建社会主义和谐社会的历史进程。必须积极探索煤矿安全生产长效机制，以达到控制煤矿事故，进而提高煤矿安全管理水平的目标。上述事故案例也表明，安全生产的薄弱环节主要在管理上，若实现精细化、规范化、程序化的安全管理，事故的发生也是完全可以避免的。

二、我国煤矿安全管理存在的主要问题

目前，我国大部分煤矿的主要负责人是重视安全生产的，也采取了很多举措来扭转安全生产的被动局面，但由于我国企业的安全管理正处在传统管理向现代管理的过渡阶段，长期传统安全管理的机制和方法，给企业安全生产打下了很深的烙印，导致煤矿安全生产方面存在诸多问题。

从客观因素来讲，煤层赋存条件复杂，开采难度大，小煤矿众多等都是导致发生矿难较多的因素，虽然客观因素重要，但事故多发原因更多还体现在主观因素上。在安全管理上还存在以下薄弱环节。

（1）"安全第一"的思想没有真正树立起来。一些企业在贯彻"安全第一、预防为主、综合治理"的安全生产方针上存在问题，持有侥幸和麻痹思想。直至目前，包括部分国有大矿在内的多数煤矿，安全生产的基础仍相当薄弱，在防范伤亡事故特别是重特大事故方面，仍然缺乏控制能力。

（2）管理分散。长期以来，我国煤矿企业的安全管理缺乏系统性。没有开展危险源辨识工作，安全管理对象不明确。在安全检查、责任明确、管理流程等方面靠经验管理，随意性较大。安全工作中突出事件本身，就事论事，忽视对安全问题的深度把握，使得安全管理缺少前瞻性，如同"救火"一般，疲于应付。一发生事故，就似乎只有安全检查的办法。

（3）缺乏过程管理，导致规章制度不能有效落实。从前文述及的重大事故案例可以看出，事故的发生，很多是由于安全生产规程不能很好落实。一些单位，对煤矿瓦斯、火灾等重大危险源单纯采用技术措施，没有制定技术和管理相结合的管理方案。规章制度制定后，没有落实"培训—执行—执行中的监督—改进"等管理过程，导致规章制度难以落实。在安全监管上，缺乏科学分级，抓不住监管重点，监管时机滞后被动，缺乏超前主动的科学预防。

（4）缺乏管理方案。我国煤矿安全生产会议不少，领导讲话也多，但总体来说，煤矿企业对瓦斯、火等重大危险源缺乏具体的管理方案，在措施的制定上，往往采用加强、强化等虚词，如某煤矿对防灭火工作的要求是"及时封闭采空区，合理设置通风构筑物，提高密闭质量，减少采空区漏风"。这句话对职工而言，

没有指导性，没有说明何时封闭采空区，通风构筑物该如何设置、设置标准如何、如何提高密闭质量、密闭应该有什么样的标准，采空区漏风控制标准是什么，谁来负责封闭采空区工作，谁负责检查密闭质量等等。而实际上，职工需要的是如何操作、谁来做，操作达到何种程度，也即用程序、职责和标准来具体指导。只有事事、处处落实到人，落实到标准和程序，安全措施和责任才能落到实处。

（5）安全生产责任制严不起来，落实不下去。总体来讲，我国现行的安全生产责任制规定了从第一责任者到各工种、各岗位的安全生产职责，但如上所述，各企业并没有据此进一步细化各生产环节、各工艺过程的工作流程和相关程序，工作中缺乏一定规则，导致具体工作职责不清，有时甚至出现工作职责交叉，缺乏一定的可操作性。

（6）规章制度不完善。目前，企业现行规章制度大都起源于对已发事故的分析，规章的形成和落实被动地滞后于事故的发生，也使得现有的安全文化成为约束性文化，"条条规程血染成，切莫再用血来染"成为安全规章制度的形象表述。执行力不强，使安全成为企业生产经营及效益的附属工作。

（7）否认人的本质需求是安全这个道理，忽视了系统、制度、物、环境等方面的协调统一。1943年美国心理学家亚伯拉罕·马斯洛（A.H.Maslow）提出了人类需要五层次论，即生理需要、安全需要、社交需要、尊重需要和自我实现的需要。1954年，马斯洛在《动机与人格》一书中探讨了他早期著作中提及的另外两种需要：求知需要和审美需要（图1-1-7）。不管是五层次论还是七层次论，安全需要是人类最基本的需要。但目前很多煤矿在事故原因分析中，"个人意识淡薄，违章操作"成了推卸责任的通用条款，而对环境、物、心理等对可能"违章"产生的影响比较忽视。职工劳动强度大，工作时间长，却没有考虑如何减小劳动强度、提供班中餐，为职工创造和谐环境等人性化的措施，以真正确立以人为本的意识。可以肯定地说，职工自身是珍惜生命、需要安全的，其素质通过管理是可以提高的。

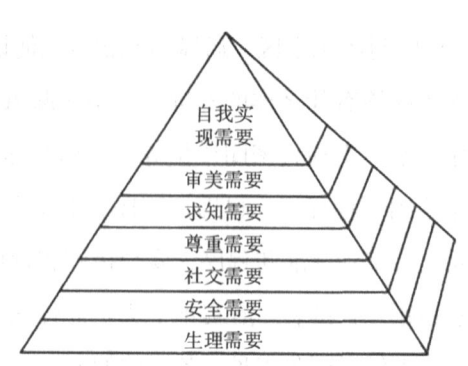

图 1-1-7　人类需要七层次论

（8）培训方式单一，所有职工手捧相同的教材参加一样的培训，年年如此，漠视安全工作的特殊性要求。由于缺乏具体的书面安全操作程序，培训时往往是大而全、小而全的教育，希望把"一通三防"采掘、机电等知识全部灌输于职工，而不是针对具体工种、具体工作，采取诸如"安全工作程序""每一步骤谁来做""应注意事项"等有针对性的培训，难以保证职工的掌握程度。

这些问题的存在，对我国的安全生产工作提出了紧迫严肃的要求，随着经济全球化的发展，按照煤矿安全生产的客观规律，建立适合我国煤矿安全生产的安全管理体系，是我国煤矿安全生产工作的必由之路。

第二节　煤矿安全生产与管理的基本知识

一、煤矿安全管理制度

根据《中华人民共和国安全生产法》《煤矿安全规程》以及国家矿山安全监察局制定的《煤矿生产安全条例》，煤矿必须建立安全生产管理制度，从业人员必须遵守企业制定的安全生产管理制度。《中共中央　国务院关于推进安全生产领域改革发展的意见》也强调了煤矿安全管理制度的切实执行是确保煤矿从业人员安全的有力保障。

（一）安全生产责任制度

安全生产责任制度是安全管理制度的核心，是确保安全生产的重要保障。根据各岗位、职能、权利和责任相统一的原则，明确各级负责人、职能机构和岗位人员承担的安全生产责任和义务。要将企业、部门或单位的全部安全生产责任逐项分解，逐级落实到各岗位和人员，以确保责任到人、落实到位。

（二）安全办公会议制度

安全办公会议制度需要明确召开会议的周期、内容、主持人和参会人员。会议记录中应包括议定的事项、决定以及落实的人员、措施和期限，然后将会议记录和纪要归档管理。

（三）安全目标管理制度

根据政府有关部门或上级下达的安全指标，结合实际情况，制订年度或阶段安全生产目标，层层分解指标，并明确责任，保证措施落实到位，同时还要明确考核与奖惩的方法，以确保安全生产目标的达成。

（四）安全投入保障制度

应该按照国家的相关规定，建立安全投入保障制度的安全投入资金渠道，以保证在抢险救灾等方面有可靠的资金来源。同时，要保证新增、改善和更新安全系统设备、设施，消除事故隐患，改善安全生产条件。加强安全生产宣传教育、培训，并进行安全奖励活动。此外，还应该积极推广应用先进的安全技术措施和管理经验。为了满足安全生产的需要，必须充分投入安全方面的资金，应该确保安全投入资金专门用于提升安全生产。煤矿企业应该制定年度安全技术措施计划，明确项目内容，落实资金、项目完成时间、责任人。

（五）安全生产标准化管理制度

安全生产标准化管理制度应明确每年的达标计划和考核标准，明确规定检查周期、考核评级奖惩办法，还要明确负责组织检查的部门和人员等内容。

（六）安全教育与培训制度

安全教育与培训制度应确保煤矿员工熟知自身工作所需的法律法规、安全知识、专业技术和操作技能。该制度还需明确员工教育与培训的周期、内容、方式、标准和考核方式，明确相关部门的安全教育与培训职责和考核方式。此外还需要明确年度安全生产教育与培训计划，确保任务的完成。

（七）双控体系管理制度

双控体系管理制度应确保能超前识别、分析、评估和管理煤矿安全生产中可能出现的危险和危害因素，实现对风险的提前预防和控制，并持续排查和消除潜在事故隐患，以预防和减少安全事故发生。

（八）安全监督检查制度

为了确保有效监督安全生产规章制度、规程、标准和规范的执行情况，应当建立一个安全监督检查制度。这个制度应该重点检查装备和管理情况，以及检查矿井"一通三防"检查标准、检查方式。此外对于检查的结果，负责检查的部门与人员应该明确检查的周期、内容与处理方法。对于查出的问题和隐患应按照"四定"原则（确定项目、确定人员、确定措施、确定时间）进行处理，并将处理结果进行通报和存档备案。

（九）安全技术审批制度

安全技术审批制度需要明确各种工程设计、作业规程、安全措施和方案等的审批内容、审批过程、审批标准、审批时限和审批级别；还要明确审批人员的职位和资质，以及编制、审核、审批人员的职责、权限和义务。安全技术审批应确保审批依据充分、准确，内容详尽、具体，安全措施可靠，能够有效指导生产施工、作业和操作。

（十）矿用设备、器材使用管理制度

为了确保矿用设备、器材的安全使用和管理，需要实行相应的管理制度。该制度涵盖了以下几个方面：首先，要求矿用设备、器材在使用前必须符合相关标准，并保持良好的状态；其次，明确矿用设备、器材使用前与使用过程中的检测标准、检测程序、检测方法、检验单位和人员的资质；最后，还要明确维修、更新和报废的标准、程序和方法。

（十一）矿井主要灾害预防管理制度

该制度应明确各种可能导致重大事故的"一通三防"、防治水、冲击地压、职业危害等主要危险，并针对性地制定相应专门规定，加强管理、监控和预防措施。

（十二）煤矿事故应急救援制度

为了确保煤矿事故发生后能够及时进行应急救援工作，必须建立健全相关制度。其中，事故应急救援预案的制定至关重要，要在预案中明确规定事故发生后的上报时限、上报部门、上报内容以及应采取的应急救援措施等。

（十三）安全奖罚制度

安全奖惩制度应综合考虑责任、权利以及义务，确立明确的规定。此外，还需明确奖惩的具体事项、标准和考核方式。

（十四）入井人员检身与出入井人员清点制度

这一制度应该明确入井人员禁止携带的物品，还要明确对入井人员进行检查的方法。明确人员入井与升井的登记、清点、统计和报告的办法，以保证准确了解井下作业人数和人员名单，从而能及时发现未能正常返回地面的人员，并查明原因。

（十五）安全操作规程管理制度

操作规程要涵盖从进入操作现场、操作准备到操作结束和离开操作现场全过程的各个操作环节。要分别制定各工种的岗位操作规程，明确各工种、岗位对操作人员的基本要求、操作程序和标准，明确违反操作程序和标准可能导致的危险和危害。

（十六）法定代表人和管理人员下井带班制度

煤矿企业必须建立法定代表人和安全管理人员下井带班制度，该制度需明确下井带班人员的职责、下井次数、权限和工作内容，以及下井带班的管理考核。同时，要完善下井带班的详细记录，以备检查。

（十七）安全生产现场管理制度

煤矿需建立完善安全生产现场管理制度，以满足现场安全生产管理要求，明确现场管理人员的职责与权限，规定现场管理的内容及要求，并明确应急处置等方面的措施。

（十八）职业危害防治制度

煤矿企业应建立健全职业危害防治领导机构、防治管理机构，应建立健全的职业危害防治制度有：职业危害防治责任制度、职业危害防治计划和实施方案、职业危害告知制度、职业危害防治宣传教育培训制度、职业危害防护设施管理制度、从业人员防护用品配备发放和使用管理制度等。

二、煤矿从业人员安全生产权利与义务

《中华人民共和国安全生产法》等法律法规，赋予了煤矿从业人员安全生产的权利，同时也规定职工必须依法履行相应的安全生产义务。

（一）煤矿从业人员的安全生产权利

从业人员的安全生产权利包括五个方面。

（1）要求劳动合同载明安全事项的权利。在生产经营单位与从业人员签订的劳动合同中，应该明确规定从业人员的劳动安全保障、防止职业危害的事项，另外还需要载明依法为从业人员办理工伤社会保险的事项。在从业人员因生产安全事故伤亡方面，所有生产经营单位不能为了减轻或免除自身应该承担的责任，而与从业人员签订协议。此外，生产经营单位还需要依法参加工伤社会保险，并对从业人员缴纳保险费。

（2）知情权和建议权。从业人员有权利知道自己的工作场所以及工作岗位所存在的危险因素，也有权利了解针对这些危险因素而制定的防范措施与事故应急措施。同样地，从业人员也有权就本单位的安全生产工作提出建议。

（3）批评、检举、控告和拒绝违章指挥或者强令冒险作业等的权利。对于本单位在安全生产过程中存在问题，从业人员有权对其提出批评、检举、控告。

有权利拒绝违背规章制度的指挥与强令冒险的作业。对于从业人员的这一举措，生产经营单位不得因为这一事情而降低从业人员的工资、福利待遇，也不能解除与之签订的劳动合同。

（4）紧急撤离权。从业人员遇到有可能对人身安全造成直接威胁的紧急状况时，有权停止工作，也可以在采取必要应急措施之后撤离作业场所。生产经营单位不得因从业人员停止作业或撤离作业场所而减少工资，减少福利，或者终止与雇员订立的劳动合同。

（5）按照国家相关规定，生产经营单位应该依法参加工伤社会保险，并为从业人员缴纳保险费。在从业人员由于生产安全事故而受到损害时，从业人员享有要求工伤保险的赔偿权利，此外还可以根据相关的民事法律，向本单位提出赔偿要求。

（二）煤矿从业人员的安全生产义务

煤矿从业人员的安全生产义务主要包括三方面内容。一是在生产作业过程中，从业人员应该严格遵守本单位的规章制度与操作过程，服从本单位的管理。在作业过程中正确佩戴、使用劳动防护用品。二是从业人员应该积极参加学习本单位组织的安全生产教育与培训活动，通过这一活动，掌握本职工作需要的安全生产知识，从而提高自身的安全生产技能，增强事故预防与应急处理能力。三是从业人员在作业过程中，如果发现事故隐患或其他不安全因素，应当立即报告给现场的安全生产管理人员，或者报告给本单位的负责人。

三、煤矿安全生产标准化管理

（一）安全生产标准化的概念

安全生产标准化，是指通过建立安全生产责任制，制定安全管理制度和操作规程，排查治理隐患和监控重大危险源，建立预防机制，规范生产行为，使各生产环节符合有关安全生产法律法规和标准规范的要求，人（人员）、机（机械）、物（物料）、法（方法）、环（环境）处于良好的生产状态，并持续改进，不断加强企业安全生产规范化建设。

（二）安全生产标准化的内容

《煤矿安全生产标准化管理体系基本要求及评分方法》涉及矿井的风险分级预控、隐患排查治理、采煤、掘进、通风、机电、运输、地质灾害防治与测量、调度和地面设施、应急救援、职业卫生等相关环节和相关岗位安全质量工作。

《煤矿安全生产标准化管理体系考核定级办法》中规定，煤矿安全生产标准化管理体系等级分为一级、二级、三级3个等级，所应达到的要求为：

一级：煤矿安全生产标准化管理体系考核总得分不低于90分，重大灾害防治、专业管理部分评分不低于90分，安全基础管理部分评分不低于85分，且不存在下列情形：

1. 发生生产安全死亡事故，自事故发生之日起，一般事故未满1年、较大及重大事故未满2年、特别重大事故未满3年的；

2. 安全生产标准化管理体系一级检查考核未通过，自考核定级部门检查之日起未满1年的；

3. 被降级或撤消等级未满1年的；

4. 被列入安全生产严重失信主体名单管理期间的。

二级：煤矿安全生产标准化管理体系考核总得分及各管理部分得分均不低于80分，且不存在下列情形：

1. 发生生产安全死亡事故，自事故发生之日起，一般事故未满半年、较大及重大事故未满1年、特别重大事故未满2年的；

2. 被降级或撤消等级未满半年的。

三级：煤矿安全生产标准化管理体系考核总得分及各管理部分得分均不低于70分。

四、煤矿生产安全事故报告

（一）事故报告的目的

事故发生后，及时上报事故情况便于上级主管部门和政府相关部门及时组织抢救，从而降低事故的伤害程度并减少经济损失，有利于事故的调查处理。

（二）事故报告程序的规定

《生产安全事故报告和调查处理条例》中明确规定，在发生事故之后，在现场的有关人员应该立即将事故情况上报给煤矿的负责人。而煤矿负责人在接到报告后，应当在一小时内将事故上报至政府有关部门，具体是县级以上人民政府安全生产监督管理部门和负有安全生产监督管理职责的部门。另外，如果事故现场十分紧急，在现场的人员可以直接越过煤矿负责人，向上述两个部门报告。

（三）事故报告的内容

报告事故应当包括下列内容。

（1）事故发生单位概况，如单位全称、所有制形式和隶属关系、生产能力、证照情况等。

（2）事故发生的时间、地点以及事故现场情况。

（3）事故类别，如顶板、瓦斯、机电、运输、爆破、水害、火灾、其他。

（4）事故的简要经过，入井人数、生还人数和生产状态等。

（5）事故已经造成的伤亡人数、下落不明的人数和初步估计的直接经济损失。

（6）已经采取的措施。

（7）其他应当报告的情况。

第三节　煤矿从业人员的安全素质

一、煤矿从业人员的安全职责

煤矿属于高危行业，工作环境特殊，作业条件复杂多变，在生产过程中存在许多不安全因素，因此，煤矿安全管理工作任重道远。

井下作业是我国大多数煤矿的开采方式。尽管现代化矿井的作业环境得到了大幅改善，但是一些中小煤矿的工作条件仍然较为恶劣，如井深较深、井下场所相对狭小、活动空间受限制、视野不佳、环境较为潮湿等，因此需要通过地面通风设备来提供空气。

煤矿工作场所都是在地下，这种生产技术环境十分复杂，并且顶底板以及围岩的地质构造是复杂多变的，因此可能发生严重的灾难性事故，比如瓦斯爆炸或突出、透水、火灾、冲击地压、大面积冒顶等。一旦发生事故，往往会导致巨大的财产损失和人员伤害。然而要想全面排除和控制这些事故因素，还面临着许多挑战。

为了保证煤炭的安全高效开采，矿井建立了一套涉及采煤、掘进、通风、排水、机电、运输等多个环节的复杂生产系统。各系统之间既分工明确，又相互制约、协同合作。各系统的生产工艺也十分复杂，具有多工种、多方位、多系统立体交叉连续作业的特点。在这个系统中，任何一个环节出现问题，都会引发事故，甚至会造成重大事故。

虽然我国大部分煤矿，尤其是国有重点煤矿的安全设施和机械化程度已经得到了明显的改善，但是在某些地区的煤矿安全方面仍然存在一定的问题，如设施不完善、煤矿机械化程度较低、安全生产基础薄弱等。另外，在煤矿作业人员的岗位素质、安全意识、知识与技术水平等方面，还需要进一步强化与提高。

煤矿从业人员在煤矿特殊的作业环境下工作，必须增强个人安全意识，遵章守纪，按章作业，才能够保障个人与他人的安全。煤矿从业人员的安全职责主要有十个方面。

（1）认真执行有关安全生产规定，对所从事工作的安全生产负直接责任。

（2）工作时必须正确佩戴和使用劳动防护用品。

（3）每个岗位的专业人员都要熟悉自己所在岗位的设备操作，明确全部设备和系统的运行方式、特性，掌握其构造原理。

（4）在煤矿作业过程中，应该严格遵守安全操作规定，认真执行安全生产规范措施，不违章作业。如果在作业过程中发现存在违章作业，应立即制止，并向有关部门与领导进行反馈。

（5）煤矿从业人员要严格遵守劳动纪律，做到不迟到早退。在开始作业前，应该提前进入工作岗位，做好工作前的准备。在值班过程中，如果没有经领导同意，就不能私自离开工作岗位。

（6）在工作期间禁止进行与工作任务无关的活动，不得私自操作与自身工作无关的机械设备。

（7）为了保障设备能够良好、安全地运行，应该定期检查作业安全环境、检查各种工作设备与设施的安全状态，对于在检查中发现的问题与技术状况，应立即进行处理，并及时向领导或有关部门进行汇报，以避免事态扩大。

（8）应该积极参加班组或有关部门组织的安全学习，积极参与安全教育活动，主动接受安全部门与人员的安全监督检查。

（9）发生工伤事故和未遂事故时，应当保护事发现场，立即上报相关部门，并积极主动参与救援行动。

（10）明确岗位责任，加强监督检查考核，促进岗位责任的落实，促进安全生产。

二、煤矿从业人员的职业道德

职业道德是指能够适应各种不同的职业要求而产生的道德规范，在从事本职工作的过程中，人们的职业活动需要遵循特定的道德准则、道德情操和道德品质，以符合职业的特点要求。职业道德所涉及的范围非常广泛，包括职业观念、职业情感、职业理想、职业态度、职业技能、职业纪律、职业良心以及职业作风等。

煤矿从业人员的职业道德主要体现在以下九个方面。

（1）热爱矿山、热爱本职工作。干一行、爱一行、专一行，以高度的事业心、责任感做好本职工作，追求崇高的职业理想。

（2）在本职工作中，发扬艰苦奋斗的精神，吃苦耐劳，干事创业，为煤矿企业发展作出应有的贡献。

（3）自觉服从组织安排，听从指挥，遵守劳动纪律，认真履行岗位职责，勤奋工作，讲究工作效率，以求实、扎实、细致、认真的工作态度，努力完成工作任务。

（4）自觉遵守国家法律法规和煤矿企业的各种规章制度，佩戴好劳动防护用品，持证上岗，时刻保持安全生产的警惕性，保护好自身和他人的安全。

（5）加强专业技术理论知识学习，钻研技术，不断提高自己的业务能力和专业技术水平，争当一名技术精湛、业务熟练的技术骨干和行家里手。

（6）在工作中与同事密切配合、和谐相处，建立相互信任、相互尊重、相互支持、相互帮助的良好关系，交流经验，团结协作，齐心协力，共同做好本职工作。

（7）牢固树立"打造优质工程"的意识，保证安全生产条件，并在确保质量的前提下，尽量为煤矿企业节约资金，提高社会效益和经济效益。

（8）在工作中，爱护所使用设备，正确、谨慎操作设备，精心细致地检查、维护和保养，及时处理设备故障，使设备处于良好的运转状态。

（9）在工作中，虚心向师傅、同事学习，学习他们的专业技术。

三、抵制"三违"的心理素质培养

（一）"三违"的含义

"三违"是指违章指挥、违章操作、违反劳动纪律。

违章指挥简单来说，就是违反国家相关规定与生产经营单位的规章制度与技术方案而进行指挥的行为，如违反国家的安全生产方针、政策、法律、条例、规程、标准、制度等。

违章操作是指在劳动过程中违反国家法律法规和生产经营单位制定的各项规章制度，包括工艺技术、生产操作、劳动保护、安全管理等方面的规程、规章、条例、办法和制度等，以及有关安全生产的通知、决定。

违反劳动纪律是指违反劳动生产过程中为维护生产秩序而制定的规章制度的行为。劳动纪律是多方面的，包括组织纪律、工作纪律、技术纪律以及规章制度等。

（二）"三违"现象产生的主观原因

自负心理：一味地认为自己拥有很强的控制力，能够很好掌握作业周围的环境与条件变化，所以认为偶尔违规也不会出事。

麻痹心理：在安全生产形势较为稳定的情况下，人们会不自觉放松警惕，这时很容易忘记应该遵守的各项规章制度。

习惯心理：由于工作内容与工作形式较为单一，长此以往人们就会依靠经验与惯性完成作业，在这一过程中会忽略是否按照措施要求进行作业，作业过程是否违规等。

马虎心理：在工作过程中分心，不认真对待煤矿作业，通常简单应付一下，这种工作心理最终会导致事故的发生。

蛮干心理：对于作业场所的安全隐患毫不在意，即使发现隐患，也不会及时进行处理，最终也会导致事故的发生。

厌倦心理：工作热情不高，没有安全意识，不会认真处理工作，只是应付工作。

唯心心理：有些文化程度较低的职工存在这一心理，并且其个人的想法也是错误的，认为"是福不是祸，是祸躲不过"。

（三）提升安全意识，杜绝"三违"

1. 加强学习，端正态度，提高认识

必须积极学习与安全有关的法律法规和标准，并熟练掌握与工作相关的安全操作规程。通过学习提升法律意识和技能水平。此外，还要端正自己的工作态度，不断提高对安全生产重要性的认识。

2. 积极参加安全培训，提升自我防护能力

煤矿工人要积极参加并学习单位组织的安全知识和专业技能培训，同时还要积极参加各项安全活动，从而增强自己的安全意识与操作水平，进而不断提高自我防护能力。

3. 自觉规范行为，下决心不违章

积极遵循本单位制定的安全生产规章制度；绝不在工作前或工作期间饮酒；主动了解本职工作中的风险和危险因素；严禁私自拆除或挪移安全设备和安全标识；严禁未经授权触碰与自己无关的器材和设施；对于防护用品的使用要严格按照使用规则进行佩戴。

4.虚心接受他人的监督

在工作中，要积极服从管理人员的管理与指挥；对于他人的监督与提出的建议，要虚心接受；积极改正工作中出现的错误，提高自身素质。

5.勇于监督他人的违章行为

在接受他人监督的同时，自己也要敢于并勇于监督他人的违章行为，做到自己不违章，也决不允许他人违章。

第四节 煤矿安全管理体系的准则

一、切实可行的安全生产方针和挑战性的目标

企业的安全生产方针是企业安健环工作的行动纲领。安全管理的目标则表明了具体的行动方向和具体步骤。企业应该制定切实可行的安全方针和富有挑战性的目标，从而为职工明确努力方向，激励职工为创造良好的安全业绩而努力。

按照这一准则，企业应做好以下几方面的工作。

（1）制定企业安全生产方针。在对企业现阶段生产经营工作充分调研的基础上，明确企业的发展方向，形成适合本企业的书面安全生产方针，在得到企业高层管理者的批准后告知全体员工。方针必须切实可行，一经制定，就要要求全体员工必须遵守，并用企业语言向他们解释和宣讲。

（2）安全生产目标必须具有可量化的指标以及达到指标的具体步骤和计划。企业内部的各个组织机构都应设定与企业总目标相适应的目标和指标，并将实现目标的计划、执行进度和达到的结果作为业绩考核的重要内容。

在这个过程中应注意的问题：安全生产方针应通过讨论，结合企业的发展规划和目标制订，方针应体现企业领导搞好安全生产的决心，并且能够赢得所有员工的认同。为达成此目标，必须建立可行的沟通途径，持续教育、训练和激励员工，从而与他们达成共识。领导层需要让员工看到具体的执行计划，并说明该方针在企业决策中的实际应用情况，避免使用简单而夸张的措辞。为了实现安全生产目标，必须拟定明确且逻辑严密的行动计划。

二、强有力的安全领导

安全管理必须有强有力的领导，各种计划才能得到落实，企业高级管理层必须把安全管理融入企业的整个管理组织中，并且坚信良好的安全业绩是企业发展的重要保证。为实现安全工作的有效领导，企业必须成立综合协调组织，即安全委员会，并由企业最高领导亲自负责安全委员会的工作。

应做的工作主要有以下几个方面。

（1）企业最高管理者要建立高度重视安全的企业文化，形成企业核心价值观，积极参与和督促各项安全活动的开展，对企业安全生产过程中出现的疑难问题开展探讨，参加安全审查与检查。保证在执行计划时，能为计划配备预算、工具、设备、人力等资源，同时还要制定完成计划的业绩评估方法，对积极主动，成绩优异的员工予以奖励。

（2）完善组织机构。成立安全委员会，公告安全生产组织机构，确定组织机构的工作任务，配备具有安全专业知识的人员，必要时寻求外界具有安全专业知识专家的辅导和帮助。

在这个过程中应注意的问题：企业高层应树立领导原则，言行一致，否则可能影响风险预控管理实施的效果，也降低领导威信。员工会观察管理层的行为，只要其中有人违背安全规定，管理层的威信就会丧失，员工也可能效仿上级的行为。因此，要想使管理体系取得成效，管理层应以身作则，持续遵守规章制度，确保对安全生产的承诺和资源投入。

三、明确责任

要把方针、程序和标准的制定、执行、执行效果评估、修订等相关义务和责任明确到部门和个人，使从领导到基层操作人员都能了解并负起安全工作上的责任。

需做的工作主要有以下几个方面。

（1）清楚界定企业各部门，各层次人员的职责。按照部门职能，在各项程序和标准执行过程中，清楚界定各部门，各层次人员的权责和相互关系。

（2）清楚界定目标管理责任。将安健环目标分解到部门和个人，明确其责任，把是否完成目标列入个人业绩考核的一部分，并与经济杠杆或职位提升相挂钩，形成激励机制。

（3）适时评估及修正方针、程序和标准，实现持续改进。由相关责任部门，了解国家相关政策、规范和标准的变化，为修正方针、程序和标准提供依据。同时，根据企业管理变化，如程序和标准执行过程中的适用性、绩效评估情况、事故、设计、工艺的变化，适时修正方针、程序和标准。

在此过程中应注意：以个别目标是否实现，来评估方针、程序和目标是否落实或适用，不失为一种有效的方法。目标分解及责任的明确界定并不容易，必须谨慎选择一些可具体衡量的工作和指标，避免模糊不清地进行界定。对完成目标的个人和部门，均应给予鼓励，未完成的个人和部门也要有一定的处理措施，奖惩分明。

四、绩效评估和监督

安全方针、程序和标准的实施效果如何，有赖于其目标是否具体及有效的监督。为易于考核其效果，必须制定具体、可衡量、可靠的绩效标准及个别可量化的目标。并通过定期的监督考核，确保系统能够落实和执行。

应做的工作主要有以下几个方面。

（1）制订具体、可衡量的绩效考核指标及个别目标。将具体的绩效衡量指标，如设备故障率、百万吨死亡率、万米掘进死亡率、巷道维修率、设备维护率或者一定工时受伤率等作为考核和衡量的依据。

（2）根据所建立的程序和标准，建立监督、考核系统，统筹并协调安全工作的监督和考核人员，确定监督考核的范围，以避免交叉监督和考核。员工有权对监督考核工作提出合理的建议。

（3）建立改善措施实时完成的程序。对监督过程中发现的不符合项，指派适当人员制订改进计划，改进计划应包括方案和措施，所需的资金、人员及预计完成的时间。按照轻重缓急完成改进，并制订改进过程中的监督系统，以确保如期完成。

应注意的事项：如果所收集到的信息不符合实际，绩效评估和监督就失去意义。为此，管理层必须确保管理系统执行过程中的监督不能敷衍了事。对于不符合要求的情况一经发现，就必须采取措施进行改进，改进过程应考虑风险的优先次序逐一完成，同时，改进过程中也必须监督。

第二章 煤矿安全事故成因研究

本章主要讲述煤矿安全事故成因研究，从四个方面进行分析，分别是煤矿安全事故的技术不确定性、煤矿安全事故的制度成因、煤矿安全事故的心理成因以及煤矿安全事故的文化成因。

第一节 煤矿安全事故的技术不确定性

作为一种特殊的技术风险事件，煤矿安全事故的成因与其他技术风险事件一样，既有客观因素，也有主观因素。在客观因素中，既有直接作用于技术物理场域的内在因素，也有来自技术社会场域的外在因素。其中，技术不确定性以及决策、管理等制度性因素直接作用于采煤技术场，构成煤矿安全事故的内在成因。

一、技术不确定性概述

（一）技术不确定性的根源

学界在两个层面上研究技术不确定性。一是把技术不确定性视为技术的属性，研究它的起源、表现、应对方法，以及对企业经营、开发或决策的影响；二是把技术不确定性与技术风险进行比较，研究技术风险与技术不确定性的联系和区别。但是，研究技术风险不确定性成因的不多。究其原因，可能是有些学者担心，如果过于强调技术不确定性，将会削弱技术风险其他成因的论证力度，使技术风险成因的探究处于"说不清道不明"的尴尬境地。但是，既然技术风险的不确定性成因客观存在，就不可回避，本书在此只是做一个尝试性探究，旨在抛砖引玉。

简单地说，技术不确定性是指技术未来状态是不稳定的和无法确定的。技不确定性包括多层含义，比如技术应用的不确定性、技术产品市场开发的不确定性、技术研发成功时间的不确定性，等等。根据行文的需要，本书仅把技术不确定性限定为技术使用的不确定性，即技术不确定性仅仅指技术使用未来状态的不稳定和无法确定。这样，"技术应用的未来是未知的"就成为技术不确定性和技术风险所共有的核心内涵，因为不确定是关于未知的未来，已知的过去和现在不存在不确定的状态，只存在无知的问题。因此，"所谓的'技术风险'，用决策理论的术语来说，在很大程度上可以称为'技术不确定性'"[1]，换句话说，从技术应用的角度来看，技术不确定性就是技术风险。

1. 科学理论的相对性

牛顿经典力学的诞生是传统科学观的伟大胜利，因为它似乎证明，物质世界的逻辑关系都是因果关系，整个物质世界就是一部运行的机器，日夜不停地按照既定的程序和步骤运转。随着拉普拉斯把牛顿力学理论扩展到太阳系，确定性的传统科学观更是达到了极致。自此，人们深信，根据确定性科学所描绘的生活世界的图景必然是确定的，只要给出适当的初始条件，就能够准确地预言未来或"溯源"过去，因此，我们遵循科学规律，把科学知识运用于改造世界的技术实践，既不会出错，也没有风险。

但是，传统科学观遭遇了以量子力学为代表的现代科学理论的挑战。继而，学者普利高津又以耗散结构理论为确定性的传统科学画上了终结的句号。事实上，传统科学理论不仅经不起理论的推敲，也经不起现实的检验。日常生活经验告诉人们，人不是生活在闹钟的指示盘上，真实生活的时间之矢一直向前，无法回到过去。春夏秋冬，年复一年，虽然季节在轮回，年份却有公元的区分。经验也同样告诉人们，人根本不能准确地预言未来。按照时间、速度和路程公式，以既定时速前进的火车，应该准点到站，但是晚点已经司空见惯，而晚点的因素也同样是不确定的，中途停车让道、发动机损坏、泥石流等，恶劣天气、车祸甚至恐怖袭击等，都可能是造成晚点的因素。所以，科学理论对未来的预言是令人怀疑的，科学规律也只是相对的、有条件的。总而言之，时间是不确定的，世界是不确定

---

[1] 斯文·欧威·汉森，张秋成.技术哲学视阈中的风险和安全[J].东北大学学报（社会科学版），2011，13（01）：1-6.

的，反映世界存在的科学知识是不确定的，因此，建立在科学知识和规律基础之上的技术也是不确定的，而不确定的技术必然充满风险。

2. 技术系统的复杂性

在技术应用中，"不是结构决定功能，而是功能预设了结构"[①]。所以，包括技术物在内的整个技术系统，只有一定结构的存在，才能发挥正常的功能。可见，技术结构是技术功能的关键变量，技术结构的变化或不稳定，必然会引起技术功能的变化和发挥的不稳定性。

技术系统的复杂性与技术风险的关系，实际上就是技术结构与功能关系的一种反映。技术的"复杂相关性"与"紧密结合性"是技术充满风险的两个重要特征，技术系统越复杂，技术系统内部结构的相互作用就越紧密，结构性要素之间的关联性就越强。而技术要素的强关联性，使技术风险在技术系统内部快速地扩散和转移，从而对技术风险产生放大效应。技术系统的"复杂相关性"总是与"紧密结合性"联系在一起的，既不复杂又处于松散状态的技术系统是不存在的，技术系统越复杂，紧密结合的程度越高，技术系统的风险就越是不可避免。在复杂的技术系统中，即使是一些细微的设计缺陷或技术故障，也会无限放大以致成为风险。显而易见，技术越复杂，技术不确定性程度越高，技术风险越大。

然而，与传统技术相比，现代技术的复杂性程度较高，这也是现代技术不确定性程度高、风险大的重要原因。可以说，技术系统的复杂性、技术不确定性以及技术风险是一脉相承的。

3. 技术使用主体生理和心理的不确定

学界对技术风险的生理和心理成因早有研究。而技术风险是技术不确定性的表现形式，因此，从逻辑上讲，技术主体的生理和心理也构成技术不确定性的根源。

首先，技术主体常见的生理、心理反应会导致技术应用的不确定。疲劳是影响技术使用的主要主体生理因素。当技术主体疲劳时，生理机能下降，技术认识迟钝，技术行动笨拙，工作效率大大降低，容易出现差错。技术主体的情绪也直接影响技术的应用。当技术主体对自己的技术工作持肯定态度，感到很满意时，

---

① 陈多闻，陈凡，陈佳. 技术使用的哲学初探[J]. 科学技术哲学研究，2010，27（04）：60-64.

技术认识和行动效率高，质量好，出现差错就少；相反，如果对自己的工作不满意，就会产生反感、厌倦、憎恨等心理特征，技术认识和技术行动的积极性不高，责任心差，效率低，出现差错就多。注意力是否集中以及是否能正确地迅速转移也影响技术应用。在正常的技术生产中，技术主体注意力应当集中；而当工作目标和对象发生变化时，技术主体的注意力就应该迅速地转移到新目标上，否则就会影响技术认识和技术行动，使技术使用产生不确定性。此外，人的反应能力和生物节律也会导致技术应用的不确定。

其次，技术使用主体的不良心理意识也会导致技术应用的不确定。侥幸心理是一种产生技术应用不确定的心理意念，也是发生技术事故的思想隐患。如果技术主体对自己的技术水平估计过高，或者责任意识淡薄，对技术使用漫不经心，就必然会滋生侥幸心理，从而导致技术行动的随意性，使技术使用的不确定性增强。另外，如果技术主体处在与心情紧张、心理焦虑有关的技术环境中，个人的理性释放会受到影响，从而降低其接收和处理信息的能力与效率，对信息的选择和理解也容易偏离正确轨道。同时，个体的注意力也可能会遭受干扰，技术行动容易产生失误。此外，技术使用主体对技术机构、专家等的信任、信心及其价值观等，也是导致技术使用不确定的文化因素。

（二）技术不确定性的主要表现

虽然技术不确定性是不可逆料的技术未来状态，但总是会在未来的某一时刻现实地表现出来，以证明其自身的存在。本书认为，从技术应用的角度看，技术不确定主要表现在技术主体、技术客体/对象、技术活动过程以及技术活动结果四个方面。

1. 技术功能障碍

从技术客体/对象的角度看，技术不确定性主要表现为技术功能障碍。"技术应用其实就表现为技术结构的可能性转化为技术功能的现实性。"[①] 正是因为技术总是以一定结构的形式存在，技术功能才能得到有效的发挥。所谓结构，学界的解释可谓仁者见仁、智者见智，即使是在哲学相关学科领域也有多种解释。从系

---

① 陈多闻，陈凡，陈佳. 技术使用的哲学初探[J]. 科学技术哲学研究，2010，27（04）：60-64.

统科学角度来看，系统的零散要素或构件之所以能整合成系统，就是因为有结构的存在，因此结构可以理解为系统内部各要素之间相互作用和相互影响的方式。技术结构各要素之间相互作用并相互影响，一方面，各要素相互作用使技术功能产生放大效应，即技术功能不仅仅是技术各要素功能的简单相加，而是"整体大于部分之和"；另一方面，各要素相互影响也容易使技术功能产生整体性的缺陷，即使在技术要素和构件及其功能完好无损的状态下，也可能会产生技术功能障碍。[①] 比如，汽车在行驶中，车刹完好，但刹车失灵的现象，就是技术应用不确定性的表现。要说明的是，这种技术功能障碍的不确定性，总体上是技术结构的缺陷所致。而技术结构的缺陷可能存在于技术设计、技术制造之中。

2. 技术行为失误

从技术主体的角度看，技术不确定性主要表现为技术主体的技术行为失误。导致技术主体技术失误的原因比较多，技术认识、生理和心理都是其中的常见因素。技术主体的技术行动是在一定技术认识的基础上产生的，而技术认识的形成依靠建立在技术场之上的技术情境。当技术场发生变化时，如果技术主体应对变化的知识和经验不足，那么对于技术主体来说，技术场的信息就一定是不完备的，在这种情况下，技术主体的大脑就不能顺利地建构技术情境，表现为技术认识不明确，技术行动盲目，从而容易出现技术失误。技术主体的生理和心理反应及不良的心理意识也是产生技术行动失误的另一个重要成因。技术主体常见的生理、心理反应（如疲劳、反感），以及不良的心理意识（如侥幸心理）也会导致技术不确定性的形成，而技术失误就是技术不确定性的表现形式。当然，除上述因素外，技术主体的心理不确定性，也是导致技术使用不确定性的原因。

3. 技术风险事件

技术风险是一种特殊的技术事件，同时也是一种不确定的技术状态。技术事件通常产生于技术活动中，需要在技术活动中预防风险、控制风险、应对风险。换句话说，技术风险就是技术活动的一部分。从技术活动的角度来看，正是因为技术应用有着不确定性，才使得技术风险有可能形成。技术应用之所以会有技术风险，主要是三方面因素决定的：一是技术系统有着复杂性的特征；二是技术主

[①] 司汉武，傅朝荣. 结构与功能的哲学考察 [J]. 汉中师范学院学报（社会科学），2000（05）：24-30.

体的认知水平与心理状态;三是科学知识确立、转化、应用速度和节奏加快的结果。科学知识从生产到使用的过程,其实就是经过验证的科学知识经过技术发明、技术设计、技术制造等一系列程序转化为技术知识的过程,之后再由技术应用转化为现实生产力。但是在现代社会中,随着科学技术与社会的关系越来越紧密,为了解决社会中的现实问题,这使得科学资料还没经过科学的验证,就被确立为科学知识。除此之外,那些由科学知识而建立的技术系统,也是急于用来解决问题而直接应用,也没有经过试用。而这种未经过技术试用就直接用于验证技术系统的正确性的方式已经成为现代社会技术运行的发展趋势。由此可见,技术应用在这种情形中展开,势必会增加技术风险产生的可能性。

4. 技术目标偏离

从技术活动结果的角度看,技术不确定性主要表现为技术使用结果与目标的偏离。任何技术活动都是有目的指向的,但是技术活动结果是否能达成目标是不确定的。实际情况是,技术活动结果常常偏离技术活动目标。究其原因,一种情况是,技术不确定性的存在,导致技术功能障碍,使技术活动结果偏离目标。第二种情况是,由于人的技术认识有限,特别是在技术发明过程中,发明者缺乏技术认识,从而难以准确预料到技术应用的实际结果。英国化学家、发明家威廉·亨利·铂金原本打算用煤焦油提炼技术人工合成疟疾特效药奎宁,但是最后虽然没有成功制成奎宁,却出乎意料地合成了偶氮染料苯胺紫,自己因此成为合成染料的发明人。这一结果是他怎么也料想不到的。第三种情况是,虽然技术目标得以实现,但是技术使用结果的迟现性使实际技术活动的最终结果偏离了技术目标。技术使用者总是以某一种技术目标作为从事技术活动的目的,因此,当随着时间的推移,其他的技术使用结果慢慢显露出来的时候,就被认为是技术目标的偏离。阿司匹林早就被作为治疗感冒头疼的特效药,但是直到20世纪70年代,才得出该药对人的血象有严重危害的结论。而此前阿司匹林一直被作为没有副作用的完美药物,出现在医学界最无害的药物名单之中。造成技术目标偏离的因素很多,比如技术人工物的设计缺陷、技术应用者不能正确执行技术路线、技术人工物组件的退化或变形、技术人工物的使用超过寿命等,在此不一一赘述。

二、煤矿安全事故技术不确定性的成因

由于采煤技术的特点,煤矿安全事故成因众多,而且各个因素既独自发挥作用,又互相缠绕在一起,加剧和放大彼此的力量,形成"聚合力",从而使煤矿安全事故的原因变得十分复杂。技术不确定性作为煤矿安全事故的成因之一,不仅直接制约采煤技术系统的正常运行,而且间接影响和干扰技术决策、技术管理和技术操作者的心理机制。因此,技术不确定性既是煤矿安全事故的技术因素,也是煤矿安全事故的文化因素。

(一)采煤技术的系统运行受到制约

作为技术的基本特征,技术使用不确定性是技术结构和功能之间内在关系的外在表现。因为技术结构是技术功能的关键变量,所以技术结构的复杂性和不稳定性,就意味着技术功能的不确定性。技术系统结构越复杂,技术系统结构性要素之间的相互作用就越紧密,技术结构的稳定性就越差,技术功能也就越不确定。当技术功能的不确定性表现为功能障碍时,就必然中止或影响技术的正常运行。采煤技术系统是人-机-物-环境一体化的复杂技术系统,而且对自然环境和地质条件的依赖性很大。煤炭是以煤层的结构形式存在的,质地疏松,加之地质条件十分复杂,且采煤技术以煤炭和煤层为技术对象,并直接与之发生相互作用,所以技术系统的稳定性差,容易产生技术功能障碍,导致技术风险事件的发生,如煤矿塌方和透水等事故的发生就是这种情形。

同时,因为技术不确定性是技术主体对技术未来的无知状态,所以技术不确定性导致技术功能障碍和制约技术系统运行的另一条途径是,通过外化为技术主体技术认识的有限性,从而致使技术行动的盲目性。西蒙认为,"因为个体记忆、思维和计算能力的有限性,决定其知识储备的有限性,所以个体的理性是在约束条件下的有限理性。而在这种有限理性的条件下,个体对事物的判断主要取决于个体的知识、经验和组织环境。"[①] 研究表明,"在生产现场,技术情境中的知识要素不是以系统的、理论的、规范的形态存在,更多是经验性的、零散的、个人体

---

① 西蒙.现代决策理论的基石:有限理性说[M].杨砾,徐立,译.北京:北京经济学院出版社,1989:63.

验性的"①，所以，技术生产主体在技术场更多是靠个人经验知识来思考和推理，完成对事物的判断。因此，在采煤技术场，矿工在保持相对有限理性的前提下，如果想完成工作，那么"经验判断"必不可少。然而，需要指出的是，"此种经验判断对解决问题，有时相当有效，有时却失误极大"②。因此，对于采煤技术场来说，矿工由于经验判断造成技术失误，引起技术功能障碍，甚至引发技术事故，就司空见惯了。

（二）采煤技术决策受到干扰

对决策的概念有多种理解。一是把决策当作提出问题、确立目标以及设计、选择方案的过程。这是广义的决策概念，技术决策就属于此。技术决策是指决策者为了实现一定的技术、经济和社会目的，在考虑技术系统内外客观条件制约的前提下，对各种可能的技术路线、技术方针、技术措施和技术方案进行比较分析，最后选择最佳方案。技术决策既包括政府层面的宏观技术决策，也包括微观层面的企业技术决策③。二是把决策看作拍板定案，从几个备选的方案中作出抉择，这是狭义的决策概念。三是认为决策是对不确定条件下发生的即发性事件作出处理决定。这种事件可能有先例，但没有一致的规律可以遵循，因此抉择就要冒一定的风险。这是最常见的对决策的理解。这里所说的决策是指第二种情况，即把决策看成在几个备选方案中作出选择。在社会实践中，在两个或两个以上的方案中作出选择的逻辑基于三点：①任意两个方案之间的比较必然是利益大则风险大，利益小则风险小，利益大风险小的方案是不可能与利益小风险大的方案放在一起作选择的；②最后的选择必然是决策者在利益与风险两极之间权衡的结果；③决策者对于获取利益和规避风险的个人期望不同，选择的方案也不同。

对于采煤技术方案的决策来说，因为风险事故直接关系到人的生命安全，风险等级较高，因此在技术方案的决策上，一般以规避风险为上乘，即选择风险较小的方案。但是，当面临一些根本利益取舍的决策时，决策者往往明知风险较大，还是心怀侥幸，因为技术是不确定性的，即使有风险，也未必会引发技术事故，

---

① 王丽，夏保华.从技术知识视角论技术情境[J].科学技术哲学研究，2011，28（05）：68-72.
② 刘婧.技术风险认知影响因素探析[J].科学管理研究，2007（04）：56-60.
③ 石红波.企业技术决策价值观的矛盾分析[J].工业技术经济，2005（07）：19-21，29.

正所谓"风险不等于事故,危险不等于危害",因而,技术不确定性的存在,破坏了正常的决策逻辑,为决策者冒险选择决策方案提供了机会,也一定程度上为决策失误的责任追究提供了开脱的可能。

(三)采煤技术风险的侥幸心理作乱

"侥幸心理是一种常见的心理现象。在企业安全生产中,它的内涵是,人们对安全生产过程和环境的歪曲认识,产生某种愉快的体验,从而导致某种不安全行为的倾向。"[1] 侥幸心理的产生有时是出于某种明确的个人需要,但更常见的是出于"自由心理"和"捷径反应"的人之本性。人都希望少受约束,并能按照"省事、方便、快捷"的原则确定自己的行动路线。这样,在行动路径可选择的情况下,就很容易产生"自由心理"和"捷径反应"。然而,在企业的安全生产中,遵守安全技术操作规程和安全生产制度,恰恰是对人的"自由心理"和"捷径反应"的压制。因此,操作者就产生突破规程和制度等"约束框架"的心理倾向。但是,操作者要突破"约束框架",就意味着可能承担风险的后果。那么,是否能够走捷径又不承担风险的后果呢?侥幸心理正是在这样的机制下产生的。事实上,心存侥幸的人对潜在的安全危害及其后果是心知肚明的,之所以明知风险而又心存侥幸,原因是本人或他人曾经有过这样的先例,即有过在同样的风险条件下冒险的不安全行为,但并没有造成风险的后果。可见,真正支持侥幸心理的是技术的不确定性特征:技术风险只是概率,不安全的行为未必引起风险后果;相反,安全的行为也有可能导致风险的后果。

由于采煤技术系统的复杂性,采煤技术的不确定性程度较高,矿工的不安全行为发生的频率远远超过技术风险事故发生的频率,这为矿工侥幸心理的形成奠定了心理基础。同时,研究表明,对自己技术水平和能力过于自信,工作时间过长,过于疲劳,工作环境差等,都是矿工侥幸心理的催化剂。煤矿井下工作环境较差,矿工作业时间长,工作比较劳累,更加助长了矿工对采煤技术风险认识的侥幸心理。侥幸心理因此成为产生煤矿不安全行为的重要原因,也是采煤技术风险事故的重要诱因。

---

[1] 李志光.安全生产中的侥幸心理剖析与消除[J].水利电力劳动保护,1995(02):44-45.

（四）采煤技术的事故问责被淡化

所谓问责，简单地说就是追究责任人的责任。煤矿安全事故问责就是追究煤矿安全事故发生的相关责任人的责任。问责是一项吸取教训、惩前毖后的工作，不仅有助于强化安全意识、责任意识，也能起到制约管理权和行政权的作用。但是，目前我国煤矿安全事故的问责还存在许多问题。诸如，问责立法存在空白，尚找不到统一适用的问责法律依据；问责的客体对象还存在缺位，特别是政府监管的行政问责对象的范围过于狭窄；对问责客体对象的责任追究偏轻，很多情节上有走过场的嫌疑等。产生上述煤矿安全事故问责问题的原因很复杂，既有历史方面的原因，也有现实方面的原因；既有法律上的原因，也有行政体制上的原因。学界对此做了较为广泛的研究，在此不能一一列举。本书认为，采煤技术不确定性已经从煤矿安全事故成因的技术因素演化成文化因素，并且成为煤矿安全事故问责的掣肘力量。

技术不确定性是技术固有的性质，客观存在于一切技术之中。由于采煤技术系统的复杂性，采煤技术的不确定性程度较高。正因为如此，采煤技术本身在煤矿安全事故中成为问责的"对象"。尽管人们不会真的把技术诉诸法律，也不会与之对簿公堂，但是在人们的认识和情感上，技术不确定性总是最先被问责并接受审判。这种问责和审判是通过对煤矿安全事故责任者问责的宽让体现出来的。大多情况下，采煤技术因自身的不确定性而背负的责任和罪名，可以大大冲抵被问责者或者应该被问责者的责任。可见，采煤技术不确定性淡化煤矿安全事故问责的事实，本身就是安全管理理念上的漏洞。

第二节　煤矿安全事故的制度成因

人总是生活在形形色色的制度中，但是要对"制度"一词作出明确的解释是十分困难的。学界不仅对其内涵的解释莫衷一是，对其分类也是见仁见智。以下仅从三个方面进行梳理归纳。

按照内涵划分，制度可以分为三类。第一种是在西方语境中，把"制度"解释成"体制""体系""系统"或"组织"。第二种是把"制度"解释为人在一定规则指导下的行为模式,如美国政治学家亨廷顿把制度定义为"稳定的、受到尊重的和不断重现的行为模式"[①]。第三种认为"制度"是人的行为规范。比如,我国学者郑杭生教授认为,"社会制度指的是,在特定的社会活动领域中围绕着一定目标形成的具有普遍意义的,比较稳定和正式的社会规范体系"[②]。第一种解释主要强调"制度"是一个结构化概念,是某一组织运行的系统。第二种解释主要突出"制度"对人的行为的约束作用。第三种解释旨在强调制度的内容是观念形态的东西。

按照制度调整社会关系是否具有强制性划分,制度可以分为正式制度和非正式制度。正式制度是人们自觉创制的、成文的、约束一定组织范围内的人的行为规则,一般由权力机构来保证实施,比如考勤制度等。非正式制度是人们在交往中自觉不自觉形成的行为规则,通常依靠人们自觉遵守。比如,"在谈话中不应该涉及别人的隐私"已经成为人们普遍认可的人际交流行为规则。

以制度调整社会关系范围的大小划分,可以把正式制度分为宏观制度、中观制度和微观制度。宏观层面的制度专指社会基本形态,如社会主义制度和资本主义制度等。中观层面的制度指社会某领域的制度形式,如政治制度、经济制度等。微观层面的制度指社会某组织的具体制度,如工作条例、规章制度、奖惩办法等。

众所周知,采矿技术具有很大的风险,尤以采煤技术更加突出。多年来,党和政府采取了一系列措施加强采煤技术风险管理制度建设,并取得了重大成就。但是,采煤技术风险管理制度还存在诸多不足,仍然是煤矿安全事故的重要成因。其中,矿工不能真正参与技术风险管理,风险管理机构设置上的缺陷,管理规制之间的竞争或冲突,都是采煤技术风险的制度成因,是构成煤矿安全事故成因分析框架的重要组成部分。

一、煤矿风险管理中矿工主体地位的缺失

人的彻底解放和全面发展是人的最高价值目标,而包括技术在内的一切条件

---

① 刘李胜.制度文明论[M].北京:中共中央党校出版社,1993:18.
② 郑杭生.社会学概论新编[M].北京:中国人民大学出版社,1987:253.

和工具都只是实现这一目标的手段。

但是,随着技术的发展,人与技术的主客关系越来越倒置,技术已经成为目的本身,人却沦为技术的工具。采煤技术风险管理存在的某些情况,就体现了这种现象。从采煤技术风险管理的角度说,矿工是对象,但首先是主体,因为矿工的生命安全本来就是风险管理的主要目的。然而,在采煤技术风险管理中,矿工已经不经意间沦为物质对象。这一现象可以从以下几个方面得到说明。

首先是采煤技术风险管理的科学思维方式使矿工成为对象化的存在。无异于其他风险管理,采煤技术风险管理也以安全工程学、经济学、财务管理等作为基础学科,使用定量分析作为基本方法,如风险-收益分析(risk-benefit analysis)、概率风险评估(probabilistic risk assessment,PRA)、决策树分析、效用分析等。这些科学方法在煤矿风险管理实践中的确发挥了巨大作用。但是其中隐藏的最大不公就是,矿工的生命也在风险-收益的计算与分析中被作价处理了。比如,"ICAF"在采煤风险-收益分析中代表"死亡事故的隐含成本"。它的哲学解释只能是:有货币作为一般等价物,有科学的思维方法和计算方法作为桥梁,矿工的生命就可以与煤炭相互置换。如果矿工的生命是有价可循的,矿工的尊严何在?矿工只是一个对象性的存在,技术风险管理的意义又何在?采煤技术风险管理岂不是一个自反的命题?

其次是采煤技术风险监管方式使矿工成为对象化的存在。中国采煤企业的技术风险政府管制(监管)分为事前、事中和事后监管。事前监管是煤矿企业市场准入环节的管理;事中监管是煤矿安全生产的日常监察;事后监管是煤矿安全事故追究,包括问责和赔偿。可见,日常监察对保障安全生产、减少技术风险至关重要。因为日常监察体现为具体的采煤技术风险预防和控制措施,是以假定矿工的生命安全为前提的。但是,在实际工作中,日常监督多由安全生产监督管理局履行。这就意味着,煤矿风险的监管只能依靠事后监管机制的运行。而事后监管的本质就是煤矿安全事故的问责和赔偿。事故问责固然是必要的,但仅仅通过问责的方式来解决事关矿工生命的安全问题,只能是亡羊补牢。事故赔偿也是必要的,这既是对矿工生命和生存权的尊重,也是对矿工亲属的抚慰。但是,既然生命的尊严可以定价为一定的经济损失进行赔偿,生命与物质对象又有何区别?

最后，煤矿生产管理的单一目标使矿工成为对象化的存在。矿工不仅是煤矿生产管理的对象，也是煤矿生产管理的主体。说矿工是煤矿生产管理的主体，一方面是指煤矿生产管理工作由矿工来实施，即矿工是实现煤矿经济效益的主体；另一方面指煤矿生产管理工作的目标也是为矿工营造安全舒适的工作环境，即为了体现矿工的主人翁地位。如果从理论上溯源，第二种观点远则有马克思人本主义思想做支撑，近则完全符合习近平新时代中国特色社会主义思想的要求。从客观上讲，通过若干年的整顿，我国的煤矿企业，尤其是国有大中型煤矿企业的安全生产条件，已经得到了极大的改善。但从整体上来看，我国与国外的产煤大国、与现代化的煤矿安全技术规范要求相比，仍存在着较大的差距。例如，即使是新建的现代化的煤矿，矿工也要在气温40℃以上的作业面持续工作，很多人甚至赤膊上阵。40℃的气温本来已经接近生存的极限，而且还要参加繁重的体力劳动，从入井到升井算起，工人的实际工作时间能达到12 h，在这种天气炎热与工作时间过长的情况下工作，工人长期处于疲劳的状态。渐渐地，工人会出现分心等现象，进而会导致在工作上出现失误，引发安全生产事故。

二、煤矿安全管理的监管缺位

随着技术社会化的发展，技术管理也日益社会化。社会从事或参与技术管理的形式很多，其中，以政府职能部门代表政府从事或参与技术风险管理最为常见。煤矿作为高危的技术行业，政府设置专门机构对煤矿安全施行管制是出于国家安全生产管理的需要。1983年，国务院发布了《国务院批转劳动人事部、国家经委、全国总工会关于加强安全生产和劳动安全监察工作报告的通知》，拉开了政府对煤矿安全进行管制的序幕。一开始，政府实行的是"国家（劳动安全）监察、行政管理和群众监督"的"三结合"管制体制。后来历经变迁，形成了目前的"国家监察、地方监管、企业负责"的基本框架。其基本特征是，国家监察和地方监管垂直领导，人事编制和工资待遇、办公条件统一属于中央，煤矿安全生产的政府管制真正从生产管理的行业主管部门中独立出来，实现安全管制与安全管理分开，政府的安全监察机构独立行使安全监察权。那么，在实际工作中，安全监察效果如何？

首先，安全管理机构设置的"多头"和"烂尾"，削弱了政府对煤矿安全风险的监管。1998年撤销国家煤炭部，2001年又撤销国家煤炭工业局，原属辖的煤炭重点企业一般都划归所在的省国资委管辖。根据"管生产就要管安全"的原则，国资委当然负有管理煤炭企业生产安全的责任。但是，真正对煤炭企业执行安全监管职能的是省国家煤矿安全监察局（以下简称煤监局）。国资委管理安全与煤监局管理安全的职能是不同的，前者考虑更多的是如何在安全生产条件下实现国家资产保值增值，而后者是确保煤矿财产和职工的生命安全。显然，保值增值是经济效应的要求，而生命安全是安全效应的要求。所以，两者之间会因为客观上存在冲突而相互削弱。同时，这两架"大车"的并驾齐驱，也容易产生政出多门的现象。

煤矿安全管理机构设置上存在的"烂尾"现象，同样削弱了政府对煤矿安全风险的监管。我国目前实行由中央、省、市、县四级安全监察部门构成的垂直体制，按照属地监管、级别相当的原则对生产企业和相关单位进行监察。这样，对于国家重点煤矿企业的矿业集团公司来说，从行政体制上讲，其安全生产监察权隶属于省级煤监局。但是，大多数煤炭集团公司自己也成立了由公司安全副总经理兼任局长的安监局，对属下煤矿的生产安全进行监察。所以，最后的实际情况就变成，对煤矿安全生产的日常监察职能，主要由集团公司安监局来执行。至此，国家安全监察的力度被弱化。换言之，国家监察的三大职能（事前监察—市场准入、事中监察—日常监察、事后监察—事故追究）中日常监察的职能被截留了，这就削弱了国家对采煤技术风险的管理。

其次，煤矿安全管理中存在的"虚位"和"缺位"现象，也是政府监管力度削弱的一个重要因素。根据"管生产必须管安全"的原则，地方政府也具有煤矿安全监管的职责。但是，某些地方政府在履行安全监管职责的同时，考虑更多的是如何在效用最大化的前提下用好自己的煤炭资源配置权和管理权，让地方政府受益最大化。所以，地方政府难免会做出逆向选择，即不惜冒以牺牲煤矿安全为代价的道德风险，支持煤矿企业大量开采。这就造成了地方政府对煤矿安全监管名存实亡的"虚位"现象。

煤矿安全生产监管还存在"缺位"现象。群众监督缺位是首要的表现。利益至上的本位观念和地方保护主义的存在，使得自上而下的安全监管不一定能获得真实的安全信息，隐瞒煤矿安全事故真相的例子就是很好的佐证。因此，如果组织好以矿工为主体的群众监督，及时反映安全生产情况，举报安全生产问题，就一定能建立上下联动的监督机制，起到很好的监督作用。因此，群众监督的意义就在于，能在一定程度上解决监管信息不对称的弊端。

新闻媒体监督"缺位"是煤矿安全生产监管缺位的另一种表现。新闻媒体监督是一种社会认可的舆论监督形式。新闻媒体似乎正以"无冕之王"的姿态发挥着越来越大的社会监督作用。在揭发煤矿安全事故及其背后的秘密方面，各级新闻媒体和新闻人可谓功勋卓著。但是，新闻媒体的监督作用仍然是有限的，新闻媒体发挥监督作用的环境还需改善。

煤矿安全管理机构设置中存在的以上种种问题表明，采矿技术风险管理制度还需进一步完善。

三、煤矿安全生产规制的不足

煤矿安全生产规制是一个来自多个创制机构的庞大体系，因此，规制的实施效果不仅与规制自身的内容有关，也与管理主体、管理机构有关。当前我国的煤矿安全生产规制，存在以下几个方面的缺点。

一是内容创制不完善。首先，很多煤矿安全生产规制的核心概念界定不清，条款过于粗化，涉及处罚的内容也有较多的空白。例如，《中华人民共和国矿山安全法》（以下简称《矿山安全法》）是治理矿山安全的一部基础性的法律文件，但是在其第七章"法律责任"中，对"未按照规定及时、如实报告矿山事故的"行为，只规定处以行政处分，而没有刑事处罚的条款，这就为重大事故不报、瞒报留下了余地。其次，规制之间的对接存在漏洞。再以《矿山安全法》为例，该法第四十八条规定："矿山安全监督人员和安全管理人员滥用职权、玩忽职守、徇私舞弊，构成犯罪的，依法追究刑事责任；不构成犯罪的，给予行政处分。"但是，《中华人民共和国刑法》（以下简称《刑法》）对矿山安全事故处罚并没有明确的规定，违反《矿山安全法》的行为难以找到适用刑事处罚的依据。最后，规制对规制违反者的处罚规定过轻。比如，按照规定，国家煤矿安全监察局对一般违规行为据情处以 15 万元以下的罚款，而这样的处罚额度对煤矿企业来说无异于九牛之一毛。

二是多头规制内容相互冲突，缺少统一性，造成政出多门、执法步调不一的局面。比如，1993 年 5 月 1 日实施的《矿山安全法》和 1996 年 12 月实施的《中华人民共和国矿山安全法实施条例》规定，矿山安全生产规制者是劳动行政主管部门，直到 2002 年 11 月实施的《中华人民共和国安全生产法》才赋予国家煤矿安全监察局对矿山安全生产合法的规制地位。换句话说，2000 年年初成立的国家煤矿安全监察局的工作，在近 3 年的时间里一直处于缺少法律依据的尴尬境地。

三是规制对受益主体权益保护的规定操作性不强。比如《煤矿安全监察行政复议规定》（以下简称《规定》）是根据行政复议法、安全生产法和煤矿安全监察条例制定的，目的是规范煤矿安全监察行政复议工作，防止和纠正违法的或不当的具体行政行为，对煤矿和有关人员的合法权益予以保护，保障和监督煤矿安全监察机构依法行使职权。因此，对作为受益主体的"煤矿和有关人员"的合法权益进行保护是该法明确规定的一项主要职能。但是，赋予受益主体合法权益的具体规定很多缺少可操作性。比如，受益主体申请行政复议时，行政复议机关总是按照具体规定做出复议决定。

《规定》第十六条第二款内容是"被申请人不履行法定职责的，决定其在一定期限内履行"。这里的"一定期限内"是一个不确定的概念，必然给行政复议机关带来操作上的困难。

四是规制不足。当煤矿发生安全事故时，政府常常采取行政命令的方式，要求辖区内所有的煤矿都停产整顿，自查自纠。这种"拔出萝卜带出泥"的事故处理方式反映了煤矿安全生产管理规制的不足。

第三节　煤矿安全事故的心理成因

大部分的煤矿安全事故是人的不安全行为引发的，而人的行为是受人的心理支配的，因此研究煤矿安全事故的心理成因和机制就显得很有必要。

风险大、事故多是采煤技术系统复杂性的主要表现。由于工作环境较差、工作压力大，加之受教育程度低，煤矿矿工在采煤技术场普遍存在一些不安全的心理状态，并经常直接诱发煤矿安全事故。下面将对几种常见的煤矿安全事故心理成因加以分析。

一、煤矿安全事故的情境类心理成因

影响煤矿矿工心理，从而导致安全事故发生的煤矿情境因素，本书称之为煤矿安全事故的情境类心理成因。

我国煤矿超过90%都是地下开采，因此采煤技术情境条件差是普遍现象。长期遭受采煤情境影响的矿工，不仅会患有各种职业疾病，还会产生很多危及正常生产活动的不安全心理状态，给煤矿安全生产带来很大隐患。事故的情境类心理成因很多，但是以环境因素为主，而且环境因素对矿工的不安全心理的影响也最突出。在采煤作业环境中，光线、颜色、噪声、温度、气压、有害气体和通风等因素，从视觉、听觉、嗅觉、触觉等方面侵蚀矿工的身心，是造成矿工不安全心理状态的主要因素。

在特定的作业单元，事故的数量与光亮成反比。[1]在由环境因素引发的生产事故中，有一部分要归因于光亮因素。可以想象，光亮在煤矿安全事故环境因素中的占比会更大。煤矿矿井作业面比较低矮，光线比较昏暗，加之井下照明条件一般比较差，因此，在很多时候，矿工主要依靠矿帽上的矿灯作业。视线不好、光线幽暗严重影响到矿工的识别和分辨能力，其所接收的信息往往是模糊不清，甚至是错误的，因此，矿工很容易做出错误的判断，进而采取不正当的行为，酿成安全事故。

色调是造成煤矿矿工不安全心理状态和不安全行为的另一个重要的情境因素。色彩与安全的关系研究已经得到很多学者的关注。煤矿井下以黑色、灰色为主色调，比如，黑色的煤壁、机器设备、顶板、工友的衣服和脸，灰暗的灯光。研究表明，黑色和灰色容易让人产生忧郁而沉重的心理反应和生理反应。而矿工

---

[1] 缪成长. 煤矿安全事故成因的技术哲学研究 [M]. 成都：西南交通大学出版社，2021：51.

整天面对黑色和灰暗的环境，加之空气污浊、任务繁重，就必然会心烦意乱，注意力分散，心情压抑、悲观，视觉和听觉迟钝，行为缓慢，从而对安全生产造成很大的威胁。

噪声也是形成煤矿矿工不安全心理状态和不安全行为的重要情境因素。引起人们烦恼、痛苦、不适应等情绪的一切声音都可以称为噪声。在煤矿井下，始终伴随矿工的是机械噪声。机械噪声一方面会影响和干扰矿工之间的语言交流，致使矿工心情烦躁、抑郁；另一方面还严重影响矿工的听觉器官、视觉器官，对矿工的中枢神经系统、心血管系统、呼吸和消化系统产生较严重的伤害，从而造成矿工听力减退，辨别和判断力降低，应对突发事件的能力下降。这在一定的情境条件下，会直接诱发煤矿安全事故的发生。

温度也是煤矿安全事故心理成因不可忽视的情境因素。人在气温超过体温的环境下，就会有较严重的胸闷和透不过气的感觉，在从事生产实践活动时，就很容易失去热平衡，出现脱水等一系列生理反应。我国南方煤矿夏季井下气温普遍超过人体体温，很多煤矿甚至超过41℃，且井下空气稀薄、含氧量低，煤矿矿工在这样的环境中作业，往往会感到恶心、头痛，精神紧张难耐，从而产生麻痹大意和侥幸心理，导致煤矿安全事故的发生。

瓦斯和粉尘也是重要的煤矿安全事故心理成因的情境因素。我国高瓦斯煤矿占的比例较大。煤矿井下瓦斯的浓度与通风、煤质等多种因素有关，所以常常处于变化之中，难以控制。同时，受采煤技术和煤质的影响，粉尘含量大是采煤场空气的一大特点。矿工如果吸入浓度过高的瓦斯和粉尘，会产生恶心、眩晕的感觉，从而导致注意力不集中，操作马虎，应付差事，不遵守规章制度，进而容易引发安全事故。

从技术实践方式上讲，技术是技术主体（人）、技术客体（技术物）和技术情境（环境）的相互作用。因此，从环境因素影响人的心理机制的角度来研究技术风险，就具有重要的现实意义。从该角度的研究给人们带来的启发是：可以通过最大限度地改变技术环境，达到增进技术主体身心健康和减少技术风险的双向效果。

二、煤矿安全事故的个性类心理成因

在各类心理成因导致的煤矿安全事故中,有一类既不是采煤技术情境诱发,也不是矿工心理状态直接所致,而是煤矿矿工的性格、气质和生物节律等个性因素引发的。本书称之为煤矿安全事故的个性类心理成因。

个性是人相对稳定的心理标志,不易受到外界环境因素的影响。因此,研究这种类型的煤矿安全事故心理成因,可以为煤矿岗位心理选拔提供启示,即可以把矿工的个性特征与煤矿岗位对安全行为的要求进行对应匹配,以降低煤矿安全事故的发生率。

因为性格是个性最重要的方面,而且很多气质特征可以通过性格外在地表现出来,所以,为了研究方便,下面主要讨论矿工的性格类型及其职业适应性与煤矿安全事故的关系,而对矿工的气质类型与煤矿安全事故的关系不再加以专门讨论。

人的性格包括很多方面,就其最显著的特征而言,大致可以归纳为对现实的态度、理智、情绪和意志四个方面,每个方面表现为正反相对的两种特点。其中,对现实的态度包括对社会、工作、他人和自己的态度,如正直、诚实、积极、谦逊、勤劳等,与其相反的有圆滑、伪善、消极、骄傲、懒惰;理智表现为深思熟虑、善于分析与善于综合等,与其相反的有轻率、武断、自以为是;情绪则表现为热情、乐观、幽默等,与其相反的有冷淡、悲观、忧郁;意志表现为独立性、自制性、果断性、坚持性等,与其相反的有易受暗示性、冲动性、优柔寡断性、动摇性[1]。上述的性格独特地结合,以相同或近似的特征体现在人身上,就成为性格的类型。由于性格是一种复杂的心理现象,心理学界还没有统一的性格类型分类。下面仅从常见的两种性格分类类型出发,讨论煤矿矿工的性格与煤矿安全事故的关系。

根据人的智力、情感和意志三种心理机能在性格结构中谁占优势地位分类,可以把人的性格分为理智型、情绪型和意志型。理智型性格的人通常能理智地衡量和分析周围发生的一切,深思熟虑而后行动是理智型的人最大的性格特点。可见,对情境复杂、风险很大的煤矿作业来讲,理智型的性格是安全性格。情绪型

---

[1] 尹贻勤. 煤矿安全心理学[M]. 北京:煤炭工业出版社,2006:65.

性格的人虽然热情乐观，但对情绪的控制能力较差，因此其行为容易受到情绪的左右，喜怒无常、易动摇、做事容易冲动。情绪型性格的人从事安全性要求较高的工作，事故发生率极高，属于典型的不安全性格，不适合煤矿井下作业。意志型性格的人积极而持久、主动而有自制力、沉着果断、做事目标明确、有预见、有计划、不冒险，属于有计划的性格，所以比较适合煤矿井下作业。

根据人的心理活动倾向于外部还是内部，人的性格可以划分为外向型和内向型。外向型性格的人活泼、开朗，善于交往，常常不拘泥于小节，情绪外露不自控，爱冒险，好冲动。内向型性格的人习惯于沉默寡言，不善交往，但做事谨慎、沉着，三思而后行，不冒险。科学研究认为，性格的外向和内向与事故之间有着一定的相关性（有人认为相关系数 $r=0.61$），外向型性格的人的不安全行为明显多于内向型性格的人，更容易出安全事故。当然，性格过于内向的人往往也存在优柔寡断、行动迟缓、处理突发事件能力差等缺陷，如果从事煤矿生产，有时也容易引发安全事故。

煤矿工作的职业适应性是个复杂的问题，因此，机械地把是否胜任煤矿井下作业与性格对号入座，在实践中是行不通的，因为煤矿井下不同岗位对性格的要求不尽相同，而且职业适应性与个性的关系也并不仅仅表现在人的性格方面。现代心理学把人的能力也视为个性的重要因素，认为人的职业适应性应综合考虑能力、性格和气质影响。所以，有学者认为，煤矿矿工的个性如果与岗位匹配不当，就会成为一个不安全因素，而且这些不安全因素可能由以下三种原因引起。第一，矿工所从事的工作不符合自己的个性特点或志向，对工作不感兴趣，得过且过，在采煤技术场情绪烦躁，注意力不集中，造成安全事故。第二，工作岗位不符合矿工的性格和气质特征，从而诱发矿工的不安全行为，导致安全事故。比如典型的外向型性格或多血质的矿工，难以胜任在那些平静的岗位上注意力过于集中的工作，如果从事此类工作就容易出现差错或事故。第三，矿工的岗位不符合他的能力类型或能力水平，从而产生不安全因素，造成安全事故。当人的能力不足以支撑其胜任自己的工作时，就会感到力不从心，心理压力增大，行为的不安全性也由此增加。

需要特别指出的是，在煤矿生产实践中，既要十分重视矿工个性的岗位适应性问题，比如在选择每个岗位的矿工时，要进行慎重的个性检测和考察，以匹配其个性适合的岗位，也要注意培养和引导矿工懂得这样的道理："爱一行，干一行"固然很好，但更要有"干一行，爱一行"的职业道德，因为现实社会不可能提供足够的和适应每个人个性要求的岗位以供选择。

三、煤矿安全事故的状态类心理成因

在煤矿安全事故中，占一定比例的事故是直接由矿工的不安全心理状态引发的。这些能够直接引发煤矿安全事故的不安全心理状态，本书称之为煤矿安全事故的状态类心理成因。当人的心理受到外部情境或自身个性的影响而处于某种典型的状态时，就是心理状态。因此，也可以把事故的状态类心理成因看成情境类或个性类心理成因的特例。

不安全心理状态是煤矿矿工个体性引发安全事故带有普遍意义的心理因素，其中，以侥幸心理最为常见。井下采煤作业面本来工作环境就差，如果工作压力过大，工作任务艰巨，矿工处于工作应激情况之下，就很容易产生侥幸心理。煤矿矿工产生侥幸心理的直接原因是"省时、省力、省事、省料"，根本原因是只看到危险的相对性，但是对危险的绝对性缺少清醒的认识；承认不安全行为导致事故的可能性，但看不到特定的事故都是由特定行为引发的必然性。抱有侥幸心理的煤矿矿工的行为特征是冒险作业，这类矿工不顾采煤技术场域存在的潜在危险，只要可能给自己或组织带来某些好处的行为，他们就去做。侥幸心理在状态类心理中居于主导性地位。

麻痹心理也是煤矿安全事故状态类心理成因的一个重要因素。煤矿井下作业都是定人定岗，很多矿工多年来都在同一个岗位上，工作轻车熟路，单调乏味，这是矿工产生麻痹心理的客观原因。煤矿矿工产生麻痹心理的主观原因是，他们认为自己是过来人，既有不出安全事故的经历，也有处理事故隐患的经验。所以，他们的安全意识薄弱。产生麻痹心理的煤矿矿工的行为表现是习惯于按照自己的想法操作，任意违反和篡改规定的安全操作程序和规章，对作业过程中发生的意外也抱着司空见惯、见怪不怪的态度，不能及时慎重地加以处理。麻痹心理与侥

幸心理的一个重要的差别是，侥幸心理主要是在应激状态下形成的，而麻痹心理更主要是在煤矿矿工日积月累的工作习惯中形成的，所以麻痹心理的改正更加困难。

责任心缺失是导致煤矿安全事故常态化发生的状态类心理成因。这种心理现象在煤矿管理者和普通矿工中都普遍存在。煤矿矿工责任心缺失的心理逻辑是：安全工作"既不是一己之事，也不是一己所为"。也就是说，很多矿工认为，抓安全工作是领导的事情，与自己无关，安全责任制的落实在于每个人，光自己讲安全，安全事故同样会发生。缺失责任心的煤矿矿工的行为表现是对煤矿安全责任制和操作规程心不在焉、高高挂起，工作时注意力不集中、马马虎虎，甚至面对安全事故隐患也是听之任之、得过且过。大部分的煤矿安全事故是人的不安全行为引发的，而责任心缺失是导致人的不安全行为的主要因素。可见，安全是煤矿生产的灵魂，责任心是煤矿安全的灵魂，煤矿员工责任心的缺失是煤矿安全的最大隐患。

从众心理是煤矿安全事故状态类心理成因的又一个重要因素。学界也把从众心理称为群体心理。社会心理学研究表明，不论是正式还是非正式群体的成员，都有接受群体规范的愿望与跟从群体行为的倾向，因为当群体成员的观点或行为倾向与群体不一致时，就会感到有一种来自群体的压力，从而产生精神紧张。这种压力称为"群体压力"。群体压力过大，就会促使群体成员违背己愿，行为趋向与群体一致，这就是从众行为（俗称"随大流"）。从众心理和从众行为在我国煤矿有着普遍存在的社会基础。我国煤矿的矿工大多都是经邻居、老乡或朋友介绍，成群结伴到同一煤矿工作，因此在工作中容易结成有一定感情基础的非正式群体，如"老乡会"。很多煤矿的管理者为了便于管理，还利用这种群体关系组成生产建制，任命其中某一德高望重的矿工担任领导。可见，在这样的煤矿建制单位中，矿工特别容易产生从众心理和从众行为。比如，煤矿井下禁止抽烟是人人皆知的安全措施，但是矿工看到老乡或朋友都在煤矿井下抽烟，自己不抽可能会觉得与其他人格格不入，也有可能会因为遭到类似于"胆小怕事"这样的指责或嘲笑而感到有心理压力，因而也就跟着在煤矿井下抽烟了。很多煤矿井下仍然存在的烟头遍地现象，就与从众行为不无关系。因此在煤矿安全生产管理中，应十分重视从众心理引发的从众行为。

另外，厌烦心理、自大心理、逆反心理、依赖心理等，也是常见的引发煤矿安全事故的状态类心理成因。学术研究认为，上述涉及的心理状态都可以通过教育、培训或其他干预方式进行调整，这就对学术研究和煤矿安全管理工作提出了明确的任务和挑战。

第四节 煤矿安全事故的文化成因

一、煤矿安全事故的主要文化成因

从文化视角出发对技术风险成因的深入剖析，表明从科学技术领域理解技术风险正在向社会生活领域过渡。分析技术风险的文化成因，实际上就是探讨作为一种文化现象的技术风险，是如何与人和社会发生联系的。本书认为，偏离的安全价值观、缺漏的安全行为准则、成本收益式的技术风险管理模式、放大的风险感知与风险传播等，是形成技术风险的主要文化因素。

（一）安全价值观

安全的需要是人较为基本的需要。马斯洛认为，人的安全需要仅次于生存需要，位于需要的第二层次。人既然有安全的需要，就必然先有关于安全的意识，否则就会不知所需、无的放矢。同样，人有安全的需要和意识，就免不了对安全作出一系列的评价，即安全观念。这就涉及安全价值观问题。所谓安全价值观，是指人正确评价安全价值的意识和观念。人是群居动物，"类"的特征使群体的人可能有同样或相似的安全价值观。相反，人生经历的不同，生活环境的差异，也决定不同的人、不同的社会群体会有不同的安全价值观。

安全价值观的本质是保障安全。安全价值观是人的心理活动的外在体现。它以安全意识为基础，以安全行为准则指导下的安全行为为表现。因此，人对所处的环境是否存在风险的认识，对风险大小的判断，对风险如何应对的决策，以及应对风险的态度和行为方式，都与安全价值观有关。安全价值观来源于实践，同时对实践活动又具有积极的能动作用。技术作为人类重要的实践形式，既是安全价值观的实践源泉，也需要安全价值观的参与和引导，从而保证技术实践的安全性。安全价值观的很多侧面都与技术的安全性发生联系。

首先，安全意识是关系技术安全的第一要素。具体到技术实践中，安全意识主要体现为技术风险意识。安全意识高的技术操作者，必然能够对自身面临的周围环境保持比较高的安全戒备心理，即对技术风险保持一定的警惕性，并且能够积极调动自己头脑中的安全知识和技术风险知识，做好控制和应对技术风险的心理准备。相反，如果技术操作者安全意识不强，对技术风险的防范心理不强，不仅其行为一定缺少安全性，而且势必缺乏对技术实践过程及其情境的风险认识和评价。这样，当遭遇现实的风险时，也就必然缺少判断和决断的能力，更谈不上采取正确方法和措施加以控制和应对，能做的恐怕只剩下听之任之、惊慌失措了。值得一提的是，安全意识是工作状态和态度的具体表现，如果技术操作者安全意识不强，那么其技术工作的绩效也一定不高。这也是技术安全管理和教育的意义之一。

其次，安全需要是技术安全的重要影响要素。组织行为学理论认为，人的行为的产生以需要为基础。需要是人们在日常生活中，由于感受到欠缺某种事物或能力等，而努力满足这一欠缺的心理状态。当人们有了需要的欲望时，在心理上就会产生紧张与不安的状态，由此，也会激发出实现这一需要的内在驱动力，即动机。动机是引发人的行为的直接原因。也就是说，有需要才有动机，有动机才能产生行为。照此，在技术实践操作中，操作者只有有了安全的需要，才会出于安全的考虑，认真学习和掌握技术操作规范和安全制度等安全行为准则，并且保证在实践中遵守安全行为准则，从而可以最大化地防止人为技术风险的形成和灾难的发生。相反，如果技术操作者没有强烈的安全需要，就可能对技术各种安全行为准则的学习和掌握不得要领，即使了解安全行为准则，在操作中也可能会忽视安全行为准则，行为表现出不按章办事的随意性，从而引发技术风险。

最后，安全行为准则也是技术安全的重要影响因素。无数的技术实践表明，操作者的不安全行为是造成技术风险的主要因素。而技术操作者的不安全行为主要是不遵守安全行为准则所致。安全行为准则是安全价值观的具体体现，它是由明确意义的符号和明确内容的行为方式构成的,一般分为立约类和非立约类两种。其中,立约类的安全行为准则是国家或组织制定的,对技术行业安全操作具有指导意义的规则、制度、标准和规范等,主要以书面形式存在;非立约类的安全行为准则没有具体的形式,通常以约定俗成的内容存在于人们的习惯、礼仪和其他人际交往当中。立约类的安全行为准则是技术规章制度的重要内容,是保障技术安全的制度体系的一部分。在技术实践中,如果技术操作者没有明确有效的安全行为准则可循,或者不遵守安全行为准则,就可能因为不安全行为而导致技术风险。

综上所述,技术风险与安全价值观息息相关。但是,在我国,工业生产仍然是技术的主要载体,技术依然直接承担着发展国民经济的主要角色,同时,从事技术操作的人主要是技术和文化素质不高的普通劳动者,而并不以科学家、工程师和其他专业技术人员为主体。这些因素对技术实践安全价值观的培育、形成和发展不利,并容易造成安全价值观的偏离和缺漏,客观上刺激了技术风险的形成。

1. 社会经济文化影响着人们的价值观

价值观是世界观的一部分,反映的是人们对周围世界的价值判断和价值选择,与人们的需要、理想和追求相关联,并通过人的社会实践中的态度和行为体现出来。因此,价值观对人们具有引领和导向作用。作为世界观的一部分,人的价值观是在认识和理解世界的过程中形成的。不论是学校教育、媒体引导等正面的灌输方式,还是人际交往、风俗习惯等潜移默化的方式,其基本内容都来源于社会存在。社会因素是人的价值观形成和发展的外在影响因素。

经济和文化是影响价值观的决定性社会因素。辩证唯物主义认为,物质决定意识。因此,人的物质生活条件决定人的基本价值观念。社会经济一方面以居于意识形态地位的宏观经济制度(如市场经济)影响人的价值观,另一方面还通过微观的资源配置和利益调控的方式来推动人的价值观的变革与发展,使人的价值观念与社会发展变化协调一致。文化同样影响人的价值观。社会的存在依靠文化系统来维持,社会的延续和发展需要文化系统的传递和更新,而人们正是在文化的代际传递中获取知识和经验,形成自己的价值观念。

2. 组织安全承诺影响着人们的价值观

组织安全承诺是组织的管理层对组织的安全政策、安全目标和自己应负的安全责任所做的承诺。它既体现为对安全工作的人力、物力、财力的保证，又体现为组织安全机构等体制的建立，还体现为组织安全目标、安全政策、安全规制的制定。因此，在技术实践中，组织安全承诺不仅能以足够的物态资源形式保证技术安全活动的实施和开展，也能通过表明组织管理者的安全价值观和安全态度，激发技术操作者的安全意识和遵守安全行为准则的积极性，从而以物态和制度两种文化方式影响技术操作者的安全价值观。由此可见，组织安全承诺是组织的一种自上而下的安全价值观的表达、塑造和培育的过程，是组织安全文化建设的重要方面。对于高风险的技术实践活动来说，组织安全承诺尤为重要。

管理参与是组织管理层亲力亲为的安全实践活动，是组织安全承诺的具体化。管理层参与技术安全管理的常见形式有召开安全评估等各种会议、实施安全培训、制定安全规制、执行安全工作计划以及为安全活动提供人力、物力、财力等。管理参与首先表达的是管理层重视安全工作、控制技术风险的态度，管理参与能够极大地增强技术操作者的安全风险意识和遵守技术操作规程等行为准则的自觉性和积极性。同时，对于技术安全来说，管理参与的意义还体现在对操作者的管理过程中。从理论上讲，技术操作的标准化决定操作者只需要遵守操作规程等安全行为准则，就能保证自己行为的安全性，也就是说，技术操作者的技术安全管理只需要对自己的不安全行为负责，而没有具体的管理任务。但是，技术情境是在不断变化的，而且，技术操作者是社会关系中不完全理性的，即具有摆脱技术规章等安全行为准则约束的一面，这就要求通过深入的管理参与来对技术操作者的安全价值观进行持续的影响，并对其安全行为进行跟踪管理和监督。

3. 安全教育与培训影响着人们的价值观

技术是专业性很强的人类实践活动，所以技术操作人员的安全素养离不开专业化的安全教育与培训。安全教育与培训不仅可以直接从形式上激发技术操作者的技术安全意识，还能够通过提高操作者的安全知识水平，提升其对技术安全环境的信任程度，增强其营造技术安全环境的能力。实践证明，在技术实践活动中，出现技术风险和发生技术灾难的概率，与是否注重人才的安全教育和培训有着很大的负相关度。

技术安全教育和培训形式多样，安全知识教育是其中最常见也是最重要的形式。由于技术本身是在不断发展的，技术实践的形式和内容也就处于发展和变化之中。这就意味着技术操作规程等安全行为准则，不可能总是停留在经验层次上，而是要以知识的方式不断更新，以适应不断发展变化的技术实践形式和内容。因此，定期或不定期地对技术操作者进行安全知识教育就显得非常必要。安全知识教育首先是国家安全法规教育。国家安全法规是国家有关部门制定的人际交往规则，目的是抑制人们的任意行为和机会主义行为。由于技术专业性的要求，国家安全法规具有行业性的特点。比如，《煤矿安全规程》《煤矿安全监察条例》等，都是与采煤技术相关的煤矿安全制度体系。另外，技术安全知识教育还包括操作规范和标准等技术规制的教育。国家安全法规教育是安全管理知识教育，而操作规制的教育是安全应用知识教育。安全技能培训、安全宣传和安全先进评比等安全活动，也是技术安全教育和培训的重要形式。

（二）对采煤技术风险的认知与沟通

技术风险认知是心理现象，也是文化现象。人的技术风险认知不能完全用科学加以解释，也并不完全基于理性，它是科学、道德、社会、文化等多种因素综合的结果。

首先，技术风险认知完全基于科学和理性的说法，受到了人的认知局限性的挑战。Simon（西蒙）早在1978年就提出了著名的有限理性（bounded rationality）理论。他认为个体的理性是在约束条件下的理性，即由于人的记忆、思维和计算能力方面的有限，知识储备空间是有限的。著名的认知心理学家Kahneman（卡尼曼）对有限理性做了独到的解释和演示。Kahneman认为，人在认知时都会应用三种认知策略（易获得策略、代表性策略和锚定调整策略）中的一种，而且认知策略会干扰人的认知结果。这三种策略都会因为人过去的记忆、先入为主的经验或临时的情境等因素的影响而出现认知偏差。根据Kahneman的观点，个体的风险认知和判断往往不是依据科学，而是有自己的一套"法宝"。

其次，风险自身的特点也对技术风险认知完全遵从科学和理性的观点提出责难。现代技术风险具有后果严重但相对较少出现的特点，如核辐射。这就决定了大多数人对技术风险缺少真实的经验，也很难直接感知，而只能通过传播媒介等获取对技术风险及其危害的认识。也就是说，人们对技术风险的认知实际上并不完全是客观的，很大程度上取决于自身的主观判断。这样，人们的价值观念、文化类型以及对媒体、技术组织的信任程度等社会、政治和文化因素就免不了渗透其中，影响人们对技术风险的认识、判断和应对。因此，可以说，技术风险的认知无法拒斥"社会—文化"的建构。

与技术风险认知一样，技术风险沟通也是一种文化现象。根据美国国家科学院（the National Academy of Sciences）对风险沟通下的定义，技术风险沟通是个体、群体以及机构之间交换信息和看法的相互作用过程，其不仅直接传递技术风险有关信息，还涉及对技术风险事件的关注、意见及相应的反应，也包括发布国家或机构在技术风险管理方面的措施和法规等[1]。

技术风险沟通强调的是社会大众风险认知在技术风险管理中的作用，突出的是组织或团体之间技术风险信息的互动和交流，是对单一专家或权威对技术风险管理和控制霸权的否定。技术风险沟通和技术风险认知是相互作用、相互影响的。技术风险沟通首先是技术风险认知的方式和途径，因为社会大众可以在技术风险沟通中获取关于技术风险的知识和信息。同时，技术风险沟通也影响社会公众技术风险认知的广度、深度以及对技术风险的态度。如果公众在实践中采用了不当的技术风险沟通方式，将会造成技术风险认知的偏差。反过来，技术风险认知也影响技术风险沟通的方式和有效性。正确、明晰的技术风险认知，对克服技术风险沟通障碍以及建立良好的沟通信任具有不可忽视的意义。特别是在沟通双方地位不平等的情况下，技术风险沟通的效果，不仅取决于诸如政府、机构等优势一方的态度是否诚恳，是否具备信任的基础，也取决于诸如社会公众等劣势一方对技术风险的自我认知程度，从而增进彼此的沟通和信任。

2003年我国抗击SARS（重症急性呼吸综合征），就是说明风险认知和沟通是社会文化现象的经典例子。SARS刚暴发时，多年不遇的大面积、突发性、原

---

[1] 谢晓非，郑蕊. 风险沟通与公众理性[J]. 心理科学进展，2003（04）：375-381.

因不明甚至叫不出名字的疫情，使社会大众陷入不知所措的恐慌状态。一时间，查明并公布疫情原因，找到控制疫情的办法，及时控制疫情等重重艰巨的任务，把政府推到风口浪尖。最初，政府致力抗灾人力物力的调度和疫情的通报，社会大众对风险的认知处于非常模糊的状态。在这种情况下，社会大众对于查不清疫情原因、找不到有效的解决办法产生不满，对官方媒体报道的感染病例人数也产生怀疑，很多人甚至听信、散布小道消息，更有一些人把当前的疫情视为"灭顶之灾"，感到自己正面临前所未有的灾难，甚至对生活失去了信心。后来，当搞清传染路径并找到应对办法之后，政府改变了媒体报道策略，公开、真实、明确地报道一切相关信息，让社会大众对SARS有了更多的了解。官方和社会大众的沟通和信任也因此开始迅速地重新建立起来，后期虽然仍有发病病例不时被报道出来，但人们对SARS的恐慌渐渐消除，日常生活和交往逐步趋于正常化。

技术风险文化建构的动力源泉是各种利益因素。各利益集团正是希望通过对技术风险的界定来得到和保护自己的利益，并尽可能规避损害自身利益的风险。歪曲、隐瞒甚至缩小或夸大技术风险，是利益集团出于利益需要的通常做法。同样，对于社会大众来说，关注和积极规避技术风险也是出于保护自己的目的。正如乌尔里希·贝克所说："在风险的界定中，科学对理性的垄断被打破了。总是存在各种现代性主体和受影响群体的竞争和冲突的要求、利益和观点，它们共同被推动，以原因和结果、策动者和受害者的方式去界定风险。关于风险，不存在什么专家。"[①] 因此，技术风险作为现代社会典型的风险形式，技术风险专家也不再是技术风险界定的唯一主体，技术理性也根本不是绝对的权威。

可见，技术风险沟通不仅体现了社会公众参与技术风险决策的民主意愿，也反映了各种利益主体搭建技术风险议题讨论平台的要求。社会公众通过技术风险沟通，把呈现的各种事关技术风险的观点放在一起进行认识和理性思考，然后通过反馈和交流的方式表达自己对技术风险的看法和理解，而各种利益主体也将通过技术风险沟通平台展开对话、竞争和博弈。技术风险正是在沟通中被集体界定，也正是在沟通中得到建构。

通过上述论述和例证，可以得出的结论是：如果社会大众有正确、明晰的风

---

① 贝克.风险社会[M].何博闻，译.南京：译林出版社，2004：28.

险认知，社会拥有畅通、有效的技术风险沟通渠道和方式，技术风险其实就相对较小；相反，如果社会大众对技术风险缺乏认知，社会的技术风险沟通渠道不畅，政府、机构、权威对技术风险进行遮掩、隐瞒，那么社会大众对技术应用的未来状态就越发关注和担忧，政府、机构、社会大众等各主体对技术风险认知、理解和应对的冲突就越发不可避免，技术风险也就越发容易酝酿、产生和扩大。由此可见，技术风险是一种文化建构。

二、煤矿安全事故文化成因分析

采煤技术风险既是现实可见的，也是文化建构的。政治、社会和技术场域的各种文化因素相互作用，共同建构采煤技术风险，并成为诱发煤矿安全事故的重要因素。

（一）政治场域文化成因分析

任何技术形式都必须是合乎规律的，所以技术首先是人类理性的反映，并体现为人类理性的价值。同时，任何技术形式也是合目的性的，因此技术也是社会的设计，它体现为人类政治、经济、文化等不同层面的制度需要。从技术的合目的性意义上说，技术与政治的联姻最为密切。马尔库塞就曾指出："生产和分配的技术装备由于日益增加的自动化因素，不是作为脱离其社会影响和政治影响的单纯工具的总和，而是作为一个系统来发挥作用的。"[1] 马尔库塞的意思是说，技术既是政治控制和调节的手段，也是政治控制和调节的对象，政治与技术的关系是政治－技术系统。

因此，政治场域的文化必然因为影响技术的实践和过程，而成为包括技术风险在内的众多技术特征的分析视角。这样，作为采煤技术风险事件，煤矿安全事故的发生，也总是要与政治场域的文化发生千丝万缕的联系。但是，政治场域的文化不会也不可能直接诱发煤矿安全事故，而是要通过向制度或其他因素积淀和渗透，最终通过影响煤矿安全生产管理促进安全事故的发生。也就是说，对政治场域的文化成因，抽取某一具体因素进行分析是很困难的，只能通过一些政治场

---

[1] 马尔库赛.单向度的人[M].张峰，译.重庆：重庆出版社，1988：6.

域存在的文化现象进行分析说明。

1. "连坐式"的安全整顿具有较大的负面作用

煤矿发生重特大安全事故以后，为了在更高的层次上恢复安全生产，使煤矿的日常工作尽快重新步入制度化轨道，都要对煤矿进行安全整顿，甚至可以说，安全整顿已经是我国煤矿重特大安全事故发生以后的一项常规工作。这项本意在于加强安全管理的安全整顿工作，却经常因为在实际操作中的"连坐式"作风，反而在某种程度上起到了弱化安全的作用。

我国煤矿发生重特大安全事故以后，政府相关部门的惯常做法是，不仅对发生事故的煤矿进行安全整顿，还强令同一行政辖区内的其他煤矿进行停产突击安全整顿。这种"连坐式"的安全整顿工作，虽然客观上对煤矿安全生产起到了督促整改的作用，但是负面作用非常大。煤矿大面积停产造成生产成本上升自不必说，更重要的是，"连坐式"的安全整顿是导致煤矿安全事故隐瞒不报的重要原因。因为有"连坐式"安全整顿的政策惯例，某一煤矿发生安全事故后，为了不受"株连"，同一辖区的煤矿之间常常签订"攻守同盟"，相互隐瞒事故。基层政府出于地方经济的考虑，只要煤矿能够采取诸如高额赔偿等方式让伤亡者家属息事宁人，也经常睁一只眼闭一只眼。因此，尽管中央政府"利剑高悬"，各地煤矿安全事故瞒报、谎报的现象依然时有发生。

和风细雨才能润物细无声，雷霆万钧只能酿造灾难，给人们带来恐惧和不安。政府的煤矿安全检查和整顿工作应该制度化、常态化，不能等事故发生后再开展"连坐式"的突击安全检查和整顿，因为那样做隐藏着更大的风险和危机。

2. 安全监察比较形式化

安全监察是政府进行煤矿安全管理的重要制度，因此也是采煤技术场域与政治场域联系的直接纽带。在我国煤矿安全监察制度中，安全监察权的隶属经历了长期的演变，由一开始的地方监察发展到后来的中央和地方共同监察，再到目前归于中央政府。

这种安全监察制度，有利于杜绝地方政府在安全监察中的徇私舞弊，也有利于克服中央和地方政府共同监察中的责任不清、权力和利益分配困难等问题。因此，从理论上讲，这一制度的到位大大提高了政府对煤矿安全监察的效率和效果。

但是，从当前安全监察制度的运行来看，监察工作往往还只能停留在表面，实际效果并不理想。首先，虽然从管理权限上讲，中央政府派驻到各级地方的监察机构已经覆盖了全国各种建制的煤矿，但是这只是形式上的。中央政府核定各级监察编制共 2 800 个，而中国现有煤矿不下 5 300 座，这样除去各级机构的行政和后勤人员，每个监察人员需要监管 20 座煤矿，可见监察人员严重不足。加之中国幅员辽阔，地形复杂，很多地方交通不便，监察人员平均每个月只能造访辖区煤矿各一次，很多煤矿甚至几个月都不能到场一次。可想而知，安全监察很难做到现场监察，实际工作中的问题也主要依靠听汇报、看报表来加以解决。所以，政府对煤矿的安全监察只是采煤技术-政治系统中的一种"文化形式"，对煤矿日常安全生产管理所起的实际作用并不大。

3. 事故报道起不到实践启示作用

技术风险事故的发生既有必然性的根源，也有偶然性的诱因。换言之，任何技术风险事故都是在具体的技术情境中发生的。因此，要了解技术风险事故发生的原因、条件、机理和过程，就必须把事故还原到具体的技术实践情境之中，从技术主体、技术客体、技术对象以及技术环境的时空关系上来进行动态的分析。

作为技术风险事件，煤矿安全事故具有多发性和反复性的特点，因此，对具体事故进行查处的目的，一方面是搞清事故发生真相，落实事故责任，给受害人和社会一个交代；更重要的一方面是对煤矿企业员工进行教育，以提高他们的事故防控意识和能力，从而减少煤矿安全事故的发生。因此，事故发生后必须还原事故发生时的人—机—环境等要素相互作用的过程，才能查明事故发生的原因和经过，从而对煤矿企业员工起到教育和启示的作用。例如，在处理重大或特大煤矿安全事故的应急救援过程中，应当通过模拟录像等方式向行业同仁进行通报。这是因为矿山事故中的人员伤亡和级别不能仅仅由事故的发生和原因来决定，还依赖于应急救援过程的决策。换句话说，高效的紧急救援措施可以减少或避免人员伤害，并降低事故的等级；如果不这样做，可能会引发次生事故并增强事故的严重程度。

但是，我国目前对所发生的煤矿事故，都只做知情式的报道，即使是在行业内部也只通报事故发生的时间、地点、伤亡数字等，而不报道事故发生和救援的具体过程，对事故原因的分析也还停留在查找直接原因和间接原因的静态模式上，而不是通过还原事故发生的过程来进行动态的分析。事故致因的静态分析只能让人们了解"事故为什么会发生"，但不一定明白"事故为什么在此时此刻发生"，因此，这仅仅是一种理论逻辑而不是实践逻辑的事故原因分析，从而起不到最佳的实践启示作用。

4. 事故责任追究过轻

煤矿安全事故责任追究是煤矿安全管理工作的一部分，也是煤矿安全事故调查处理的基本程序之一，包括事故责任认定和承担两个环节。长期以来，我国煤矿安全事故责任的认定和承担，一直充盈着一种制度文化，那就是"安抚式的事故责任追究"。

"领导责任"是常见的安全生产事故责任认定方式。在煤矿安全事故责任认定中，"领导责任"更是制度化为一种社会文化：在社会大众看来，只要发生比较大的煤矿安全事故，最终都有人要承担领导责任。事实也确实如此。煤矿安全事故"领导责任"的认定依据不是事故发生的原因，而是事故的等级，而且事故等级越高，越需要高层领导承担领导责任，负领导责任的人数也越多。对认定的煤矿安全事故责任人的处置是事故责任的承担方式，也是事故责任追究的实质部分。"罢官"和"降职"是对煤矿安全事故责任人常用的处置方式。

从承担"领导责任"到"罢官"或"降职"，再到官复原位，与其说是一套煤矿安全管理的制度，还不如说是一种安抚式事故责任追究的文化形式，因为其实质和意义已经超越了煤矿安全管理本身，更像是为了给社会一个交代，给伤亡者一个说法。

（二）社会场域文化成因分析

采煤技术是复杂的社会技术系统，社会场域的文化不仅直接影响采煤技术场域的文化系统，形成安全问题，还会通过与政治、经济和社会的互动，形成影响采煤技术场安全的其他因素。技术风险社会放大效应、社会安全价值观、社会传统文化等，都是煤矿安全事故重要的社会场域文化成因。

1. 社会传统思想的负面作用

中华民族几千年的立世之本就是中华民族的传统美德。儒家学说对中国人的美德做了高度的凝练和概括。儒家思想的精髓——"仁义礼智信，温良恭俭让，忠孝廉耻勇"，经过世代相传，为人们学习、效仿和传诵，已经被大多数国人内化于心、外化于行，成为中华民族永久的"胎记"。

在儒家学说所倡导的传统美德中，"忠孝"思想在封建伦理观念中占据重要地位，影响最为深远。其中，"忠"的本意是指忠君，绝对忠于国君。从"三纲五常"中"君为臣纲"所宣扬的"君叫臣死，臣不得不死"，可见"忠"的意义和分量。后来，"忠"又引申为忠于"王道"和"皇权"，即不仅要忠于国君本人，还要忠于象征着国君的一切国家制度以及符合国君意志的一切政治权力或事务体系。当前，随着社会的发展和演进，忠君思想的原型已经不复存在，但是它并没有销声匿迹，而是逐渐演化成一种人们的事业或工作关系逻辑，那就是强调下级对上级的尊重以及下属对领导的绝对服从。"孝"的本意是指孝敬父母，包括顺从父母、尊敬父母和侍奉父母等多层意思。"父母之命不可违""父母在，不远游"等极富伦理意蕴的名言，都折射出传统伦理观念中父母高高在上的地位。同样，经过几千年的历史演变，孝敬父母已经有了新的意义和方式。当今社会所提倡的孝敬父母的方式扩展到尊敬父母、赡养父母以及对家庭的担当。"孝"的表达由注重形式上的"敬重"向"责任"转变。

但是，这种"忠孝"思想却以消极的方式在煤矿安全生产和管理中得到了充分的体现。我国当前的煤矿安全事故，大部分是矿工的不安全行为所致，其中，违章作业是不安全行为的重要表现。而矿工违章作业并不一定是出于其安全知识贫乏，或者是安全意识薄弱，也未必是心存侥幸、贪功冒进，很多情况下是领导违章指挥的结果。特别是一些私营煤矿或者小煤矿，多出煤、快出煤是煤矿工作的首要指导思想，加之矿主本身很多都是"外行"，因此违章指挥的现象十分普遍。而大多数矿工对违章指挥即使心存疑虑，却因为长期在"忠诚""服从"等传统美德的教化下，认为"服从是自己的本分"，从而铤而走险，置安全规制于不顾，违章作业。当然，矿工对违章指挥"服从"的原因，也包括其他方面的因素，在此不赘述。

"赡养父母"和"承担起家庭责任"是"忠孝"思想在煤矿矿工中的另一种表现。虽然煤矿企业安全生产环境较差，技术水平不高，劳动强度大，但是收入相对比较稳定，所以，很多文化程度不高又无一技之长的农村中青年人，为了父母晚年生活得更好一点，为了家庭生计更宽裕一些，在明知自己缺乏煤矿工作的知识和经验又没有受过正规培训的情况下，在农闲时，还是毅然决然地去煤矿一线从事采煤工作。他们深知自己的危险处境，很多矿工还没有上班就做好了最坏的打算，甚至已经安排好自己事故伤亡赔偿金的家庭使用。也就是说，为了父母和家庭，他们宁愿冒失去自己生命的巨大风险。以这种条件和思想状况去从事采煤工作，难免发生煤矿安全事故。

2. 社会安全价值观的影响

社会安全价值观是对社会大众安全价值观的提炼和概括，反映一个社会对安全价值的意识和观念。同时，社会安全价值观又作为观念形态的文化，反过来以价值观和方法论的形式影响社会大众的安全态度和安全行为，即在社会大众的具体社会实践中起精神导向作用。可见，社会安全价值观对煤矿安全价值观的影响是客观存在的。

社会安全价值观对传统安全价值观的继承，就注定了其必然对煤矿安全价值观存在消极影响。作为社会观念系统的一部分，社会安全价值观总是要通过文化传递的方式进行代际延续，也就是说，后人的安全价值观念总与前人保持着某种程度上的相同或相似，这就是社会安全价值观念对传统安全观的继承性。

第一，我国社会安全价值观继承了传统安全价值观的唯心主义成分，影响煤矿安全价值观。中国传统安全观主张"生死由命，富贵在天"。对于天灾人祸，应祈求上苍大发怜悯之心，不要降临灾难于人间，但既然已经降临了，人是被动的，是无能为力的，只能认命。在煤矿安全生产中，由于煤矿安全事故发生的不确定性，很多人就是抱着"出事故天注定"的思想，心怀侥幸，最终导致事故的发生。因此，传统安全价值观中的唯心主义成分，在一定程度上是导致煤矿安全事故发生的思想根源。第二，我国社会安全价值观继承了传统安全价值观的理想主义成分，影响煤矿安全价值观。我国传统安全价值观鼓励人们为了追求某种理想或目标，不惜以牺牲个人人身安全为代价。比如，在公平、公正、正义、正气面前，要做到"舍生取义"，而为了坚持真理，则应该"视死如归"，即失去生命也在所不惜。在煤矿安全中，很多基层领导和矿工为了多采煤，完成或超额完成任务，在劳动竞赛中获胜，顶风作业，冒险蛮干，最后导致煤矿安全事故的发生，这就是传统安全价值观中的理想主义成分"作祟"。

社会生产力水平较低，就注定社会安全价值观对煤矿安全价值观产生消极影响。个人的价值观往往是由社会环境所塑造的。一方面，社会会以学校教育、舆论宣传、道德约束以及法律手段为代表，向个人传递一定的价值观念。另一方面，社会通过潜移默化的方式，如通过社会心理、风俗习惯等，影响社会成员的价值观，以促进个人与社会的共同发展，并使个人的价值观与社会的价值观保持一致。社会因素是从外部影响并塑造人的价值观念，促进其形成和发展的因素。在影响人的价值观形成与发展的社会因素中，社会生产力水平起决定作用。我国目前尚处在社会主义初级阶段，人们对生存的需要仍大于安全的需要，为了改善生活状况，提高生活水平，很多人往往愿意冒一定的安全风险。同时，由于人们安全生产条件和环境欠佳，所以人们对处在一定程度的安全风险之中习以为常，安全生产的警惕性不高，安全需要不强烈。总之，我国煤矿采煤技术落后，安全生产环境较差，加之大多矿工文化素质低，家庭经济条件差，生存压力大，导致安全意识相对薄弱，煤矿安全价值观落后，是造成煤矿安全事故的一个重要原因。

3. 风险社会放大效应的影响

风险社会放大效应是指"灾难事件与心理、社会、制度和文化状态相互作用，其方式会加强或衰减对风险的感知并塑形风险行为。反过来，行为上的反应造成新的社会或经济后果。这些后果远远超过了对人类健康或环境的直接伤害，导致更严重的间接影响"[1]。风险社会放大的实质是人们在认知风险过程中，由于主观风险建构，感知到的风险水平远远超过实际风险水平，反过来，主观建构的风险又通过影响人的风险态度和价值观，进一步影响实际的风险水平。

对于采煤技术风险来说，社会放大效应是明显存在的。这一结论可以通过煤矿安全事故与道路交通安全事故的对比得到证实。很多人经常以"常在河边走，

---

[1] 克里姆斯基，戈尔丁. 风险的社会理论学说 [M]. 徐元玲，孟毓焕，徐玲，等译. 北京：北京出版社，2005：74.

没有不湿鞋"这样的话语来表达自己对道路交通安全事故习以为常的心情，但是对于煤矿安全事故，他们却是谈虎色变。很多人一旦听到煤矿安全事故爆发就会立即感到恐惧和不安。难道真的是因为煤矿安全事故造成的人员伤亡和财产损失比交通安全事故大吗？答案是否定的。煤矿安全事故远不及道路交通安全事故多。但是，为什么在大众的心目中，采煤技术的风险却比道路交通安全事故高呢？

很显然，这就是采煤技术风险社会放大效应的结果。具体地说，社会大众对交通运输条件和环境都很熟悉，而且道路交通安全事故情境本身具有透明性和开放性，所以人们即使没有亲身经历或目睹道路交通安全事故，在大脑中也能建构出逼真的道路交通安全事故发生的机制和过程，因此人们感知到的风险与实际风险不会有太大的偏差。换句话说，道路交通安全事故风险不存在社会放大的条件。煤矿安全事故则不同。煤矿安全事故发生在社会大众不熟悉的井下环境，加之社会大众对采煤技术以及安全事故发生机理和过程不了解，对采煤技术风险的感知除了媒体或"道听途说"等信息渠道外，就只能凭借自己的想象力。另外，诸如煤矿安全事故瞒报、不报等现象的存在，使煤矿安全事故与政治、制度等因素联系加强，更激发了煤矿安全事故的神秘感，强化了社会大众对采煤技术风险的关注、感知和传播。采煤技术风险就是在这些社会和心理因素相互作用的刺激下被放大的。

那么，采煤技术风险的社会放大又如何能成为煤矿安全事故的文化成因呢？换句话说，主观建构的风险是怎么导致实际风险的呢？那是因为，在放大的采煤技术风险面前，人们对于采煤技术风险十分恐惧，以至于很多人只要有别的出路，就不愿意从事采煤这个职业，甚至很多采煤专业毕业的学生宁愿改行，也不愿到煤矿工作。长此以往，很多开办采矿或相关专业的学校，也渐渐削减招生，直至最后取消这些专业。这就注定了煤矿较低专业素质的员工队伍结构，从而大幅提升了采煤技术风险和煤矿安全事故发生的可能性。

（三）技术场域文化成因分析

由于采煤技术高风险的特点，在采煤技术场众多的文化因素中，安全文化居于统摄地位，其他的文化因素（如企业文化）总是以安全文化为中心，服务或服从于安全文化。因此,采煤技术场的安全文化理所当然地成为煤矿企业安全事故文化成因的主要分析对象。

安全文化是安全价值观和安全行为方式的总和。具体地说,企业的安全文化分为安全观念文化、安全行为文化、安全制度文化和安全物态文化四种类型。安全文化或者是在企业长期生产和经营活动中相演相嬗自发形成的(如安全观念文化),或者是企业或个人有目的地塑造的(如安全制度文化)。企业及其员工对安全文化是否认同、是否理解、是否接受以及是否遵循,直接关系到是否会引发安全事故。煤矿企业安全生产价值观与企业员工生存价值观的冲突、安全物态文化与安全承诺及安全制度文化不相适应、煤矿企业领导及员工对安全文化的肤浅认识和理解,构成了煤矿安全事故技术场文化成因的三个主要方面。

1.对安全文化的错误认识与理解

安全文化建设不足在煤矿企业中的一个主要原因是由于领导和员工对安全文化的理解与认识存在误区。主要表现为对企业安全文化无用论、万能论、简单论和可有可无论。

持企业安全文化无用论的煤矿企业领导和员工认为,企业安全文化形同虚设,搞企业安全文化建设徒劳无益,因为很多安全文化建设有模有样的煤矿企业照样出安全事故,而有些没搞企业安全文化建设的煤矿企业却也连续多年实现安全生产。他们的错误在于,只注重局部现象的认识,不重视总体规律的把握,看不到煤矿事故发生的多因性和复杂性。因此,他们就在搞企业安全文化建设无益,不搞省钱省事的指导思想下,把企业安全文化建设工作抛在脑后。

持企业安全文化万能论的煤矿企业领导和员工,往往过分夸大企业安全文化的作用,认为只要把企业的安全文化建设好,其他的安全工作都可以省去,企业的一切安全问题均可由安全文化来解决。因此,他们在具体工作中,常常注重安全工作的形式,而不注重安全工作的实质,强调安全制度建设,却不重视安全制度的执行与落实。

持企业安全文化简单论的煤矿企业领导和员工,简单地把企业安全文化等同于企业文化,甚至是等同于某种具体的文化形式,因此有些领导和员工把工会举办的文体活动也看成安全文化,认为开展安全文化知识竞赛,制作安全知识宣传栏或大字宣传标语等，都是企业安全文化的好形式，有些人简单地把员工记住的具体安全制度条款的多少作为评价安全文化建设是否成功的标准。安全文化已经不是深入职工内心的有活力和生命力的东西，而完全成为一种形式化的文化呈现方式。

持企业安全文化可有可无论的煤矿企业领导和员工认为，煤矿企业安全事故多，安全问题突出，企业安全文化建设是安全工作的一个方面，而且搞安全文化建设是一项上级要求的"政治任务"，如果不搞的话，出了安全事故责任更大，处罚更重，所以不搞也不行，但是搞安全文化建设实际上起不到太大的防范风险的作用，而且还需要一定人力、物力和财力的投入，因此，企业安全文化可有可无，搞与不搞安全文化建设各有利弊。

从哲学上来讲，上述的企业安全文化无用论的错误是看不到偶然性与必然性的辩证关系，仅仅把安全事故看成纯偶然性的东西，看不到安全事故发生必然性的一面；企业安全文化万能论的错误是没有弄清相对与绝对的辩证关系，把安全文化建设的意义和作用绝对化；企业安全文化简单论的错误是把内容与形式割裂开来，简单地把企业安全文化等同于一般的文化形式；企业安全文化可有可无论是犯了相对主义的错误。

2. 员工的生存价值观与安全生产价值观存在冲突

煤矿企业的安全生产价值观是指煤矿企业领导和员工在长期的煤炭生产实践中形成的关于安全生产的观念文化，是广大员工心理思维的产物，反映的是广大员工深层次的安全思想、意识和愿望。"安全第一""预防为主"是煤矿企业贯彻的安全生产价值观的重要内容。这八个字体现了煤炭企业安全目标的追求和安全形象自我诠释的决心，也代表了企业对国家、政府和员工的安全承诺，同时也是企业对员工安全意识的教化和培养的内容；而对于煤炭企业员工来说，"安全第一""预防为主"既是员工自我安全意识的表达，也是员工对国家安全法规和企业安全规制执行态度和自觉性的体现。但是，"安全第一""预防为主"的安全生产价值观，真的就意味着煤炭企业及其员工在行动上视安全比生产和经营更加重要吗？

煤矿企业员工"安全第一""预防为主"的安全价值观与他们的生存价值观

之间存在着激烈的冲突。采煤技术落后，工作环境差，技术风险较大，安全事故多（百万吨煤炭死亡率在世界采煤业仍处于较高的位置），经济效益不稳定，是我国煤矿企业的基本概况。这种概况决定了煤矿企业很难招收到文化素质较高、受过专业训练的矿工。特别是很多私营小煤矿为了"三低"（低工资、低保险金、低事故赔偿），大面积招收"协议工"或"农民工"。因此，煤矿矿工的文化素质整体偏低。据统计，在采煤一线，初中以下文化程度的矿工占很大比例，很多矿工甚至是文盲。正是因为文化素质低，这些矿工大多找不到职业女性为妻，因此是单职工家庭，经济负担重，家庭生活困难。对他们来说，"安全第一""预防为主"的安全价值观与"生存第一""挣钱为主"的生存价值观之间存在着激烈的矛盾和冲突。迫于生活压力，他们在采煤技术场不仅不能奢望"安全第一""预防为主"，有时甚至是"明知山有虎，偏向虎山行"，只要能多干活多拿钱，根本顾不上安全隐患的存在。大多矿工最关心和最在乎的是每个月能当多少个班，挣多少钱。

3.安全物态文化与安全制度文化之间存在错位

企业安全承诺是企业的中高层领导对安全的态度，即中高层领导的安全政策和承诺。企业安全承诺影响并通过企业的安全制度文化、安全行为文化以及安全物态文化表现出来。具体地说，国家安全法规和安全政策、企业安全制度及标准、安全应急及人力物力等，都是企业安全承诺的表现方式。企业安全承诺的意义体现在多方面。首先，通过安全承诺，中高层领导表明自己对安全认识的程度和对安全重视的态度，表达自己的安全意愿和社会责任立场。其次，通过安全承诺，确立企业最低的安全目标和实现这一目标的方式。最后，通过安全承诺，可以激发和培养员工的安全意识，增强员工对安全的信心，促进员工不断地通过改进安全工作提升安全质量。

安全制度文化与安全物态文化是我国煤矿企业安全承诺的两种主要表现形式。煤矿企业的安全制度文化包括一系列系统完备的安全规定，这一系列规定是为了确保煤矿生产经营过程中的人、财、物和环境安全而制定的。煤矿安全物态文化是指采用或建立与生产环境、企业环境、技术设备等相关的物质文化，是煤矿企业安全观念和安全形象的载体，也是煤矿安全保障最重要的显性文化。我国煤矿企业的安全制度文化和安全物态文化之间存在错位。经过政府和煤矿企业多年的努力，我国煤矿的安全制度可以说是健全的，各种安全规章制度、操作规程、安全教育培训制度、安全管理责任制度、安全检查、评比和奖励制度、安全防范和监察制度、事故调查处理制度、职业病防治制度、劳动保护用品用具发放制度等应有尽有。但是，由于投入不足以及采煤技术水平落后等多方面的原因，我国煤矿企业安全物态文化建设仍十分薄弱，采煤生产条件和环境差，安全技术、设备及设施总体上十分落后。这种企业安全物态文化与安全制度文化建设"一手软、一手硬"的局面，充分暴露出我国煤矿安全文化建设还处在较低水平。

第三章 煤矿安全事故的防治

由于煤矿工作环境的特殊性和负责性，安全隐患无处不在。因此，煤矿安全事故的防治成为当前亟待解决的重要问题。本章为煤矿安全事故的防治，主要介绍了矿井瓦斯防治、矿井粉尘防治、矿井火灾防治、矿井水灾防治、其他安全事故防治、自救与互救六个方面的内容。

第一节 矿井瓦斯防治

瓦斯爆炸是煤矿生产中最严重的灾害之一。如果由于瓦斯爆炸而引起煤尘爆炸，后果更为严重。掌握瓦斯爆炸的防治措施，极为重要。

一、矿井瓦斯爆炸的预防措施

瓦斯爆炸必须同时具备三个条件，即瓦斯浓度在爆炸界限内，高温热源存在时间大于瓦斯的引火感应期以及瓦斯与空气混合气体中的氧浓度大于12%[1]。由于在正常生产的矿井中，为保证工作人员的正常呼吸，氧气浓度始终要大于12%，所以预防瓦斯爆炸的措施，就要重点考虑防止瓦斯的积聚、杜绝或限制高温热源的出现以及预防瓦斯爆炸灾害的扩大。

（一）避免瓦斯积聚

瓦斯积聚是指局部空间的瓦斯浓度达到2%，其体积超过0.5 m³的现象[2]。防止瓦斯积聚必须做到如下两方面。

---

[1] 靳建伟，李桦.煤矿安全[M].徐州：中国矿业大学出版社，2019：25.
[2] 国家安全生产监督管理总局宣传教育中心.煤矿安全生产管理人员安全资格培训考核教材[M].徐州：中国矿业大学出版社，2009：212.

1.加强通风管理

第一,建立合理、完善的通风系统。实行分区式通风,各水平、各采区、各采掘工作面都必须有独立的通风系统。

第二,严格贯彻执行"以风定产"的基本原则,要依据矿井通风能力核定煤炭产量,严禁超过通风能力进行生产。

第三,及时建筑和管理好通风构筑物。对风门、风桥、密闭、调节风窗等设施,要及时建筑并保证质量;经常检查维修通风设施,保持完好;根据需要,及时调整风量。

第四,加强局部通风管理。局部通风机的安装和使用必须符合规定,实行掘进工作面安全技术装备系列化。

2.加强瓦斯管理

第一,严格执行瓦斯检查制度。瓦斯检查中必须在井下交接班,做到无空班、无漏检、无假检。瓦斯检查应做到"三对照"和"三签字"。

第二,及时处理局部瓦斯积聚。采取措施妥善处理采煤工作面上隅角、掘进巷道的局部瓦斯积聚,按规定制订专门措施,进行瓦斯排放。

第三,加强瓦斯监测监控设备的管理。经常做好设备的检修、维护工作,确保瓦斯监测监控设备的正常运行。

第四,加强瓦斯的综合治理。凡是符合抽采条件的矿井、采区和工作面,实施煤层瓦斯抽采技术。实践证明,矿井瓦斯抽采是治理瓦斯的一项根本性措施。

(二)避免瓦斯引燃

为了防止瓦斯引燃,必须严禁使用任何不必要的热源。必须对生产中可能产生的热源进行严格的管理和控制。可引燃瓦斯的火源主要有明火、爆破、电火花和摩擦火花。为了预防这四种火源,应该采取以下措施。

1.加强明火管理

禁止将烟草与点火物品携带至井下。在井口房、通风机房和抽采瓦斯泵站附近20 m范围内,禁止使用火源或燃烧设备进行取暖和点燃任何可燃物。在井下应严禁使用灯泡与电炉取暖,避免发生危害。还需注意的是,在井下与井口房内,不得进行电焊、气焊喷灯焊接等工作。严禁拆开、敲打、撞击矿灯。严格管理井下火区。

2. 严格执行爆破制度

煤矿井下都必须使用具有国家认证的煤矿许用炸药和煤矿许用电雷管。井下爆破应使用防爆型发爆器；严格执行"一炮三检"制度和"三人连锁爆破"制度；打眼、装药、封泥和爆破都必须符合《煤矿安全规程》的规定。

3. 严禁电气火花

瓦斯矿井中应选用本质安全型和矿用防爆型电气设备；井下不得带电检修、搬迁电气设备（包括电缆和电线）；井下供电应做到无"鸡爪子"、无"羊尾巴"、无明接头；坚持使用漏电继电器和煤电钻综合保护装置；严格执行停送电制度。

4. 严防摩擦火花

禁止使用磨钝的截齿；禁止向截槽内喷雾洒水；禁止在摩擦发热的部件上安设过热保护装置，或在摩擦部件的金属表面熔敷一层活性小的金属（如铬）；井下禁止穿化纤衣服，以防止静电火花。

（三）避免瓦斯爆炸范围增大的措施

如果瓦斯在井下局部地区发生爆炸，应立即采取措施将其影响范围最小化，以避免引发全矿井的瓦斯爆炸。因此，应该采取以下措施。

第一，采取分区通风措施。具体来说，就是在每一个生产水平和采区都应该布置独立的回风道，同时，采煤工作面和掘进工作面也应该采用独立通风。

第二，通风系统应追求简洁。为了避免发生爆炸时导致风流短路，总进风道与总回风道的布置应该保持一定的间距，同时采空区必须及时封闭。

第三，为了避免在发生爆炸时通风机受到损坏，并造成救援和生产恢复的困难，建议在安装主要通风机的出风口处安装防爆门。

第四，为了确保安全，生产矿井主通风设备必须具备反风设施，并且确保这一反风设施能在不到 10 mm 的时间内，改变巷道内气流的流向。

第五，建造隔爆棚。为了避免煤尘燃爆和瓦斯爆炸的危险，对于有潜在风险的矿井，需要在其两侧、相邻的开采区域、相邻的煤层和相邻的工作面之间，建造岩粉棚或水棚来进行隔离。另外，还需要在所有通道中散布岩粉，包括运输和回风通道。

二、局部积存瓦斯的处理方法

这里主要介绍回采工作面上隅角瓦斯积聚的处理和掘进工作面因故停风恢复生产时瓦斯积聚的处理。

（一）处理回采工作面上隅角瓦斯积聚的方法

我国煤矿处理回采工作面上隅角瓦斯积聚的方法很多，主要有以下几种方法。

第一，风障引导风流法。具体方法是在工作面上隅角附近设置木板隔墙或帆布风障，如图3-1-1（a）所示。这样进入工作面的风流分为两部分，一部分冲淡工作面涌出的瓦斯；另一部分流入采空区用于冲淡来自采空区的瓦斯，提高了安全性。风障引导风流法既有优点，也有缺点，优点是安装简单，无须任何动力设备；缺点是对于引入的风量有一定的限制，增加了通风阻力，加剧了采空区漏风，减小了作业空间，降低了作业环境的安全程度。

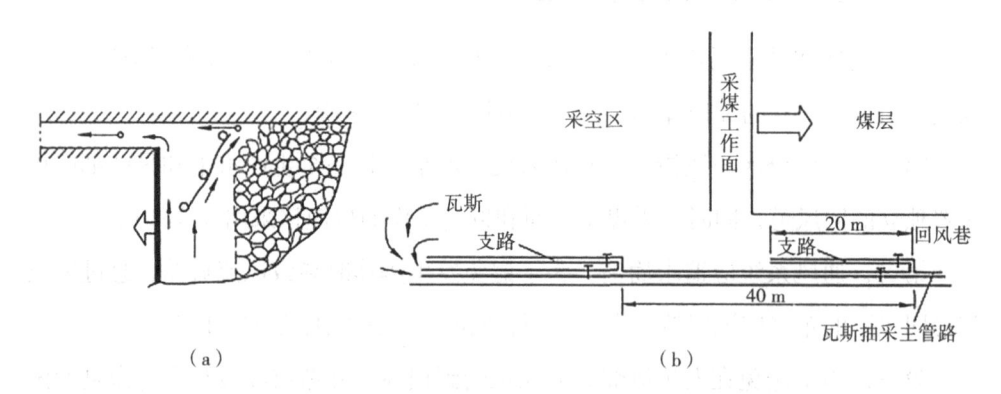

图3-1-1 风障引导风流及采空区埋管瓦斯抽采系统

第二，埋管抽采上隅角瓦斯。该方法如图3-1-1（b）所示。提前在回风巷道安装直径为200~300 mm金属抽采管路，并连接到矿井的抽采系统。当工作不断向前推进时，当管道的吸气口（末端）进入采空区达到5 m时，开启阀门，开始抽采瓦斯。随着工作的进行，瓦斯抽采管路的吸气口逐渐进入了采空区深处。另外还需要在距离吸气口 40 m 的地方，与主管路上连接一条 20 m 长的支管路，需要注意的是，这时应该将支管路保持关闭的状态，如图 3-1-2 所示。

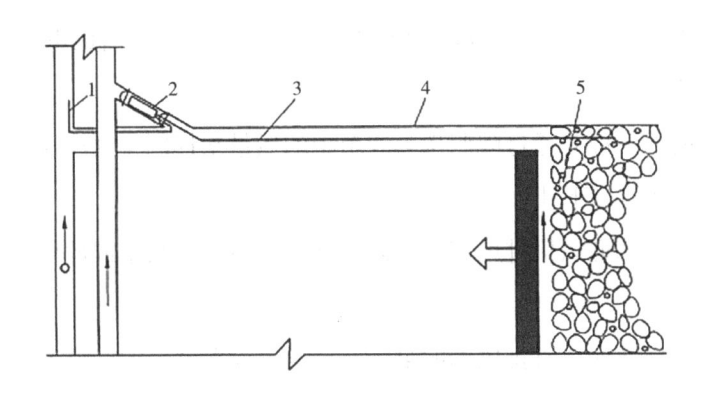

1—排放口；2—移动泵；3—抽采管；4—回风巷；5—采空区

图 3-1-2　移动抽采泵站排放瓦斯

（二）处理掘进工作面因故停风恢复生产时瓦斯积聚的方法

掘进工作面因故停风恢复生产时，首先应排除其中积聚的瓦斯。排除积聚的瓦斯是一项复杂危险的工作，稍有疏忽，便可能引起瓦斯事故，因此在排放瓦斯前，要制订完善的安全技术措施。

1. 排放要求

编制排放瓦斯措施：必须根据不同地点的不同情况制订有针对性的措施。批准的瓦斯排放措施，必须由煤矿总工程师负责贯彻，责任落实到人，凡参加审查、贯彻、实施的人员，都必须签字备案。

排放瓦斯前检查瓦斯浓度：必须先检查局部通风机与其附近 10 m 范围内的空气中的气体浓度，并确保其浓度不超过 0.5%。只有在浓度安全范围内，才能手动启动局部通风机，向单向巷道注入适当的风量，逐步排放。

排放瓦斯时的有关要求：瓦检员检查独头巷道回风流混合处瓦斯浓度。当瓦斯浓度达到 1.5% 时，应指令调节风量人员，减少向独头巷道的送入风量。独头巷道内的回风系统内必须切断电源撤出人员，还应有矿山救护队现场值班。

排放瓦斯后的有关要求：必须检查确认，在独头巷道中瓦斯浓度不得超过1%，并且需要保持稳定 30 min 以上，确保瓦斯浓度没有变化之后方可启用局部通风机进行正常通风操作。正常通风后，由电工检查其他电气设备，经过确认无异常后，方可人工恢复局部通风机供风的巷道中的一切电气设备的电源。

2. 排放方法

排放瓦斯时，一般是通过限制送入巷道中的风量来控制排放风流中的瓦斯浓度。可采用的方法有以下几种。

收放法：在局部通风机排风侧的风筒上捆扎上绳索，收紧或放松绳索控制局部通风机的排风量。

三通法：在局部通风机排风侧的第一节风筒上设置"三通"调节器，以调节送入风量。

断开法：把风筒接头断开，改变风筒接头对合空隙的大小，调节送入的风量。

第二节 矿井粉尘防治

在煤矿井下生产的绝大部分作业中，都会不同程度地产生粉尘。有些作业的矿尘生成量是很大的，如采煤机割煤、装煤，掘进机掘进、爆破作业，各类钻孔作业，风镐落煤、装载、运输、转载、提升，放煤口放煤、采场和巷道支护等。随着机械化程度的提高、开采强度的加大等因素的影响，各作业点的矿尘生成量也随之增大，所以防尘除尘工作是十分必要的。

这里主要介绍的是矿山综合防尘技术，综合防尘技术主要是为了降低空气中的粉尘浓度，并且利用多种技术手段实现这一过程，最终确保人体与矿山不会受到粉尘的危害。一般而言，综合防尘技术措施主要有四种，分别是通风除尘、净化风流、湿式作业、个体防护。

一、通风除尘

通风除尘是指通过风的流动将井下作业点的悬浮矿尘带出，降低作业场所的矿尘浓度。搞好矿井通风工作能有效地稀释和及时地排出矿尘。

通风除尘的效果主要是由风速以及矿尘的密度、粒度、形状、湿度等因素决定的。如由于风速不足，较大的矿尘颗粒会与空气分离并沉降，从而导致难以排放；风速过高会搅起落尘，导致矿内空气中的粉尘含量增加。因此，随着风速的增加，通风除尘效果也会逐渐改善，但一旦达到最佳效果，即使再增大风速，效果也会逐渐减弱。要消除井道中的悬浮颗粒，需要有足够的风速。所谓最低排尘风速，是指能够将呼吸性粉尘悬浮并能随风流动排出的最小风速。那些可以有效避免尘土扬起并且不导致落尘再次升腾的风速被称作最佳排尘风速。一般来说，掘进工作面的最优风速为 0.4～0.7 m/s，机械化采煤工作面为 1.5～2.5 m/s[1]。《煤矿安全规程》规定的采掘工作面最高容许风速为 4 m/s，这不仅考虑了工作面供风量的要求，同时也充分考虑到煤、岩尘的二次飞扬问题。

二、净化风流

净化风流是使井巷中含尘的空气通过一定的设施或设备，将矿尘捕获的技术措施。目前使用较多的是水幕和湿式除尘装置。

（一）水幕净化风流

水幕是通过在巷道顶部或两边的水管上安装多个喷雾器，间隔地进行喷雾，从而形成的一种防火隔离措施。在安排喷雾器时，应优先考虑将水幕布置在尽可能靠近粉尘产生源的巷道断面。

在巷道段内安装净化水幕时，需要确保该段巷道的支撑结构完好、壁面平整、没有断裂或破碎。通常的安装位置如下。

矿井总入风流净化水幕：距井口 20～100 m 巷道内。

采区入风流净化水幕：风流分叉口支流里侧 20～50 m 巷道内。

采煤回风流净化水幕：距工作面回风口 10～20 m 回风巷内。

掘进回风流净化水幕：距工作面 30～50 m 巷道内。

---

[1] 邱阳，刘仁路主编；刘聪，林友副主编. 煤矿安全技术与风险预控管理 [M]. 北京：冶金工业出版社，2016：164.

巷道中产尘源净化水幕：尘源下风侧 5~10 m 巷道内。

水幕的控制方式可根据巷道条件，选用光电式、触控式或各种机械传动的控制方式。选用的原则是既经济合理又安全可靠。

（二）湿式除尘装置

除尘装置（或除尘器）是一种用于将气流或空气中的固体粒子分离和收集起来的设备。根据是否使用水或其他液体，除尘装置可分为干式和湿式两种类型。当前常用的除尘器包括 SCF 系列除尘风机、KGC 系列掘进机除尘器、TC 系列掘进机除尘器、MAD 系列风流净化器以及奥地利 AM-50 型掘进机除尘设备，还有德国 SRM-330 掘进除尘设备等。

三、湿式作业

湿式作业是一种综合防尘的技术措施，通过利用水或液体与尘粒接触而捕集粉尘的方法，该方法因简单易行、费用低廉、除尘效果显著等优点成为矿井除尘的重要方法之一。但它也有缺点，这种方法会增加工作场所的湿度，导致工作环境恶化，也可能影响煤矿产品的质量。尽管如此，在除缺水和严寒地区以外，湿式凿岩仍是广泛应用于煤矿的一种方法。湿式凿岩主要是采用喷雾洒水、水封爆破、水炮泥等技术措施来防尘。

（一）煤层注水

在煤层采掘之前，通过钻孔向待采区域内注入压力水，增加煤层内部水分，降低采掘时产生的扬尘。注水钻孔主要有两种方式，一种是平行于工作面的长孔注水，另一种是垂直于工作面的短孔注水，需要注意的是，在注完水后，要用水泥浆将孔口堵住，如图 3-2-1 所示。

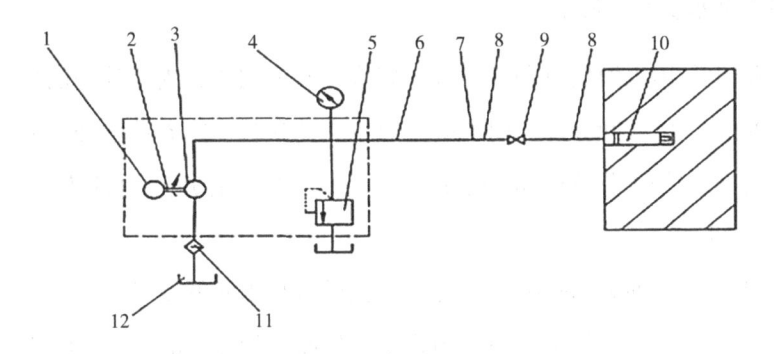

1—电动机；2—联轴器；3—注水泵；4—压力表；5—安全阀；6—KJR19 软管；7—直通 KJM19-KJM16；8—KJR1I6 软管；9—6HQ-16 球阀；10—FZM-20 封孔器；11—过滤器；12—水箱

图 3-2-1 煤层注水示意图

（二）湿式打眼

在使用风钻或煤电钻进行钻孔时，需要通过在钻杆中心孔连接压力水的方式，保证不断向钻孔中注入水流，以确保钻孔过程的顺利进行。这样做能有效地减少煤尘和岩尘产生。

（三）水炮泥与水封爆破

水炮泥就是将装水的塑料袋代替一部分炮泥，填于炮眼内。爆破时水袋破裂，水在高温高压下汽化，与尘粒凝结，达到降尘的目的。采用水炮泥比单纯用土炮泥时的矿尘浓度低 20%~50%[1]，尤其是呼吸性粉尘含量有较大的减少。除此之外，水炮泥还能降低爆破产生的有害气体，缩短通风时间，并能防止爆破引燃瓦斯。

水炮泥的塑料袋应难燃、无毒，有一定的强度。水袋封口是关键，目前使用的自动封口水袋，装满水后和自行车内胎的气门芯一样，能将袋口自行封闭。

水封爆破是一种爆破技术，其原理是先将少量炮泥填入炮眼的内部，然后在炮眼口填充另一小段炮泥，接着在两段炮泥中插入细注水管并将其注满水，之后堵住炮泥上的小孔。

---

[1] 焦长军，吴守峰，李泽卿. 煤矿开采技术及安全管理 [M]. 长春：吉林科学技术出版社，2021：150.

（四）洒水及喷雾洒水

洒水降尘是用水湿润沉积于煤堆、岩堆、巷道周壁、支架等处的矿尘。当矿尘被水湿润后，尘粒间会互相附着凝集成较大的颗粒，附着性增强，矿尘就不易飞起。在炮采炮掘工作面爆破前后洒水，不仅有降尘作用，而且还能消除炮烟，缩短通风时间。

喷雾洒水是一种利用喷嘴将压力水转化成微小水滴的技术，随后这些水滴即可在空气中扩散并与空气中的污染物相遇，从而起到捕尘的效果。喷出来的水滴在空气中遇到浮尘时，会让尘粒变得湿润并沉淀下来。当雾体高速流动时，会吸收周围的含尘空气并使其湿润沉降到雾体内部，使已经落下的尘埃变得潮湿并黏聚在一起，以避免它们被风吹扬。

1. 掘进机喷雾洒水

掘进机喷雾分内外两种。外喷雾多用于捕集空气中悬浮的矿尘，内喷雾则通过掘进机切割机构上的喷嘴向割落的煤岩处直接喷雾，在矿尘生成的瞬间将其抑制。

2. 采煤机喷雾洒水

煤炭开采机械的喷雾系统可以分为两种：内喷雾和外喷雾。当使用内喷雾时，水会通过截割滚筒上安装的喷嘴直接喷向截齿的切割区域，从而实现"湿式截割"。如果采用外喷雾，可以把喷嘴固定在固定箱、摇臂或挡煤板上，使其产生的水雾覆盖住截割部，从而降低粉尘的飞扬，达到有效湿润和控制粉尘的效果。喷嘴是决定降尘效果好坏的主要部件，喷嘴的形式有锥形、伞形、扇形、多孔集束管型，一般来说内喷雾多采用扇形喷嘴，也可采用其他形式。外喷雾多采用扇形和伞形喷嘴，也可采用锥形喷嘴。

3. 综放工作面喷雾洒水

（1）放煤口喷雾。放顶煤支架一般在放煤口都装备有控制放煤产尘的喷雾器，但由于喷嘴布置和喷雾形式不当，降尘效果不佳。为此，可改进放煤口喷雾器结构，布置为双向多喷头喷嘴，扩大降尘范围；选用新型喷嘴，改善雾化参数；有条件时，水中添加湿润剂，或在放煤口处设置半遮蔽式软质密封罩，控制煤尘扩散飞扬，提高水雾捕尘效果。

（2）支架间喷雾。支架在降柱、前移和升柱过程中产生大量的粉尘，同时由于通风断面小、风速大，来自采空区的矿尘量大增，因此采用喷雾降尘时，必须根据支架的架型和移架产尘的特点，合理确定喷嘴的布置方式和喷嘴型号。

四、个体防护

个体防护是一种为了减少人体吸入粉尘的措施，主要通过采取佩戴各种防护面具的方式来达到防护效果。

个体防护装备包括防尘口罩、防尘面罩、防尘帽和防尘呼吸器等，合理使用个体防护装备使佩戴者可以呼吸到经过净化的空气，不会受到污染物的影响。

（一）防尘口罩

在矿井中，对于所有与灰尘接触的工作人员来说，必须佩戴防尘口罩。这种口罩需要保证阻尘率高，并且没有呼吸阻力，同时还要确保防尘口罩的有害空间小，佩戴舒适，且不会影响视野。通常普通纱布口罩效果不理想，无法有效阻挡灰尘，而且呼吸时会受到很大的阻力，使用一段时间后也会感到不舒适，因此不建议采用。

（二）防尘头盔

在煤科总院重庆分院的研发中，研究人员创新性地设计出了 AFM-1 型防尘安全帽，也被称为送风头盔，可以与 LKS-7.5 型两用矿灯搭配使用。该头盔间隔中安装有微型轴流风机、主过滤器、预过滤器，并且面罩由透明有机玻璃制成，面罩开启比较自由。当送风头盔进入工作状态时，微型风机会将含尘空气吸入，这时预过滤器发挥重要作用。预过滤器能过滤掉大约 80%—90% 的粉尘，而主过滤器则能够过滤掉超过 99% 的粉尘，这样就能保证送进头盔的空气相对干净。过滤后的空气通过主排气系统流动，其中一部分用于呼吸，另一部分则流经使用者头部，带走使用者头部散发的部分热量，最终通过排气口排出。该头盔的优势在于融合了安全帽的设计，降低了戴口罩时感到呼吸困难的不适感。

（三）AYH 系列压风呼吸器

AYH 系列压风呼吸器适用于个人或团体的隔绝式呼吸防尘装置。它采用矿井压缩空气为能源，其净化过程是通过离心去除油雾与吸附活性炭后，通过减压阀向多个人提供均衡的呼吸气体。现阶段，已经制造出了 AYH-1 型、AYH-2 型和 AYH-3 型三种不同的型号。

第三节　矿井火灾防治

矿井火灾是指在矿井地面或地下发生的无法控制的火灾。矿井火灾会影响矿井的生产，并造成损失。矿井火灾包括发生在矿井工业场地内厂房、仓库、储煤场、井口房、通风机房、井巷、采掘工作面、采空区等地的火灾。

一、矿井火灾预防措施

（一）矿井外因火灾的预防

外因火灾是由于外部高温热源引起可燃物燃烧而引发的火灾。这类火灾具有以下特征：发生突然、迅速扩散、无预兆、覆盖面广泛、常出乎意料，若控制不及时，则可能导致大量人员伤亡和严重的经济损失。

1.地面外因火灾的预防

第一，生产和建设矿井时需确保制定井上、下防火措施。符合国家有关防火规定的防火措施和制度，必须在矿井地面、所有建筑物、煤堆、矸石山、木料厂等地制定防火措施与制度。

第二，要求进风井与木料厂、矸石山、炉灰场之间的距离不得小于 80 m。矸石山必须与木料厂保持 50 m 以上的距离。在气流主导方向上侧，禁止设立矸石山、炉灰场，同时禁止在表土 10 m 范围内有煤层的地面和漏风的采空区上方的塌陷范围内设立矸石山、炉灰场。

第三，为了确保安全，新开采的矿井的永久性井架和井口房，以及以井口为中心的联合建筑，必须使用不易燃烧的材料来建造。

第四，进风井口必须设置防火铁门，如果无法设置防火铁门，就必须采取其他安全措施，以防止火灾引起的烟火进入矿井。

第五，在离通风机房 20 m 以内的区域，禁止燃放火种或使用火炉进行取暖。同时，暖风道和压入式通风的风硐必须采用不燃性材料建造，并且至少要装备两扇防火门。

第六，必须为矿井配备地面消防水池，并保持水池的水量不低于 200 m^3，并且要定期维护。

2. 井下外因火灾的预防

（1）必须在井下铺设消防管路系统。在管路系统每隔 100 m 的位置，必须设置支管和阀门。在带式输送机的隧道中，需要间隔 50 m 设置支管和阀门。

（2）井筒、平硐、各水平的连接处及井底车场，主要绞车道与主要运输巷、回风巷的连接处，井下机电设备硐室，主要巷道内的带式输送机机头前、后两端各 20 m 范围内，都必须用不燃材料支护。

（3）在井下，不允许使用灯泡进行取暖和电炉取暖。

（4）井下作业时严禁使用电焊、气焊和喷灯焊接设备。要在井下进行焊接，必须每次制定安全措施并明确指定一位专人担任监督、检查工作。在井巷的前后各有 10 m 的范围内，必须使用不燃性材料进行支护，并配备供水管，要有专人喷水。同时至少准备两个灭火器在焊接区域。

（5）井下严禁贮存汽油、煤油和变压器油等。在井下使用的物品，包括润滑油、棉纱、布头与纸等物品，应该存放在密闭的铁桶内，不得乱放，并且还要配备专门负责运输这一铁桶的人员，将铁桶运输到地面，并进行处理。严禁向井巷、硐室泼余油、残油。清洗井下风动工具时一定要在专用房间里进行清洗，同时清洗的洗涤剂应该使用不燃性和无毒性的。

（6）在井下必须配备消防材料库和安装消防列车。消防材料库内的物品种类和数量必须符合规定，且不得擅自改变其用途。此外，要按规定周期对储存的物品进行检查和更换。

（7）在井下爆破材料库、机电设备硐室、检修硐室、材料库、井底车场及靠近采掘工作面的巷道内，应当配备灭火器材，并且在灾害预防和处理计划中明确其数量、规格和存放位置。此外，使用带式输送机或液力耦合器的巷道要做相应的准备。井下工作人员需了解如何使用灭火器材，并熟知本职工作区域内灭火器材的存储位置。

（8）使用滚筒驱动的带式输送机时，需采用阻燃输送带。其托辊非金属部件和包胶滚筒使用的胶料必须符合规定的阻燃和抗静电要求。为确保安全性，要安装温度保护、烟雾保护和自动洒水装置，并且使用其液力耦合器时，不得采用易燃的传动介质。

（9）对于井下电缆的选择，必须选择经过检验的并且是合格的阻燃电缆，同时选用的电缆还应该取得煤矿矿用产品安全标识。

（10）在井下爆破时，需要注意不能使用过期或严重变质的爆破材料。在炮眼封泥的制作上，其材料的选择，应严禁使用粉煤、块状材料、其他具有可燃性的材料。对于那些没有封泥的炮眼，或者封泥不够彻底、封泥不实的炮眼，不能进行爆破，也不能裸露爆破。

（11）箕斗提升井或装有带式输送机的井筒兼作进风井时，井筒中必须装设自动报警灭火装置和附设消防管路。

（二）矿井内因火灾的预防

内因火灾是指由于某些可燃物在特定条件下自身发生一系列的化学反应或物理变化，由积聚热量而引发的火灾。在煤矿中，火灾常常发生于采掘易自燃的煤层的井道中。通常情况下，火灾发生之前会有某些征兆出现，人们可以通过观察这些征兆来及时发现那些地点隐蔽的火灾，如在采空区内、煤柱内等处。以下将介绍煤炭自燃的早期识别与预防。

1. 煤炭自燃的早期识别方法

煤炭自燃发现越早越易扑灭。因此，及早识别自燃火灾，对于顺利和迅速扑灭井下火灾有决定性作用。识别方法如下。

（1）根据自燃的外部征兆判断。早期自燃的外部征兆包括：空气的湿度、温度增加，在火区附近出现烟雾，巷道壁和支架上有水珠，有煤油、煤焦油、松节油等的气味。

（2）根据矿井空气成分的变化判断。当煤发生氧化作用时，会导致周围空气成分发生改变，包括氧气浓度下降、一氧化碳和二氧化碳浓度增加，同时还会产生一些碳氢化合物。因此，可以通过监测矿内空气成分的变化，尤其是可以监测一氧化碳浓度的变化，来判断煤炭是否达到了自燃的可能。测定矿井空气中一氧化碳的方法有矿井监测监控系统（一氧化碳传感器），直接在井下测定一氧化碳含量的一氧化碳测定仪和比长式一氧化碳检定管测定。

2. 煤炭自燃火灾的预防

（1）合理的开拓开采系统、采煤方法及通风系统。煤炭只有处于破碎状态、通风不畅、易于蓄热的环境中才能产生自燃现象。因此，在开拓开采的巷道布置及选择采煤方法时，就应该充分考虑防火要求。在进行开拓开采系统设计及选择采煤方法时应遵循：减少煤层暴露面积，少留浮煤，少切割煤体，住宅区尽早封闭；尽量采用长壁式采煤方法，推行综合机械化采煤等。

（2）预防性灌浆。预防性灌浆是通过输浆管路将一定浓度的浆液运往容易发生自燃的地点，从而防止自燃火灾的发生。浆液由水与浆材按照一定的比例混合制作而成。预防性灌浆是防止煤炭自燃发火的一项传统措施，也是目前使用比较成功、稳定性好的措施。

（3）阻化剂防火。选用氯化钙、氯化镁、水玻璃等溶液作阻化剂，将其灌注到极易自燃的地点，如采空区、煤柱裂隙等，从而降低煤炭发生氧化的可能或者阻止煤炭发生氧化。还有一种方式也可以阻止煤炭发生自燃，即可以使用喷枪，将阻化剂喷在煤层暴露的表面，使其能薄薄地覆盖住煤层，从而预防煤炭发生自燃。

（4）均压防灭火。漏风是造成煤炭自燃发火的主要原因。均压防灭火与封闭防灭火的原理一样，都是堵漏。

（5）惰性气体防灭火。惰性气体防灭火，就是利用惰性气体能抑制可燃物燃烧的一种防灭火方法。常用的如氮气、二氧化碳和卤代烷等。

二、矿井火灾灭火方法

(一) 直接灭火法

1. 用水灭火

水是煤矿中最方便、最经济的灭火材料，煤矿供水系统及设备完善，使用时具有方便、迅速的特点。

1) 水的灭火原理

（1）冷却作用。冷却是水最主要的灭火作用，当水与炽热的燃烧物接触时，会吸收大量燃烧物的热量而使其冷却，降低火区温度。

（2）窒息作用。水遇到炽热的可燃物而汽化，产生大量水蒸气，水蒸气能够排挤和阻止空气进入燃烧区，从而降低燃烧区内的氧气含量使燃烧停止，达到灭火作用。

（3）水力冲击作用。在机械力的作用下，高压水流的强烈冲击可以起到冲散燃烧物和压灭火焰的作用，使燃烧强度显著减弱。

（4）水可以浸湿火源附近的燃烧物，阻止燃烧范围扩大。

2) 用水灭火时的注意事项

（1）灭火人员应站在火源进风侧，不准站在回风侧。因为回风侧温度高，受火烟侵害易发生冒顶伤人事故。同时灭火人员容易被高温的水蒸气烫伤。

（2）要有足够的水源。在灭火时要不间断地喷射，不要把水射流直接喷射到火源中心，而应从火源外围逐渐向火源中心喷射。当水量不足时，水射流直接喷射到火源中心，水蒸气在高温作用下产生氢气和一氧化碳等爆炸性混合气体，可能引起爆炸事故发生。

（3）水能导电，不能用来直接扑灭电气火灾。

（4）要保证正常风流，以便火烟和水蒸气能顺利地排到回风流中。

（5）要有瓦斯检查员在场随时检查瓦斯浓度。

（6）油类火灾若用水灭火时，只能使用雾状的细水，这样才能产生一层水蒸气笼罩在燃烧物表面，使燃烧物与空气隔离。若用水射流灭火可使燃烧液体飞溅，又因油比水轻，可漂浮在水面上，易扩大火灾面积。

3）用水灭火的适用条件

（1）能够接近火源的非油类、电气火灾；

（2）在发火初始阶段火势不大，范围较小，对其他区域无影响；

（3）有充足的水源，供水系统完善；

（4）火灾现场附近瓦斯浓度低于2%；

（5）通风系统正常，风路畅通无阻；

（6）灭火地点顶板坚固，能在支护掩护下进行灭火操作；

（7）有充足的人力，能组织分组连续作战。

2. 灭火器

1）干粉灭火器

干粉灭火一般用于火灾的初始阶段，火势范围不大的情况下。干粉灭火器只能用于煤矿井下各种机电硐室扑救油料、可燃气体、电气设备和井下带式输送机等小范围的初期火灾。干粉灭火器的灭火原理是：①干粉灭火剂覆盖在燃烧物上，吸收大量的热并放出水分，水分蒸发进一步吸热，使燃烧物温度下降；②干粉附着在燃烧物表面形成隔离层，隔绝空气，阻断燃烧。使用时，先将其上下颠倒数次，使药粉松动，然后缓慢开启压气瓶，若出粉，可将开关全部打开；若不出，要立即关闭开关处理堵塞的管后才能继续使用。在灭火时，干粉灭火器喷嘴前方严禁有人站立，确保安全。同时应该根据不同的火情和火势大小，确定在喷射时喷嘴离火源的距离。在扑灭油类火灾时，应该加大与火源的距离，如果距离过近，灭火器喷出的粉流速度会过快，进而会导致燃油四溅，药粉不能附着在燃烧物上，不仅不能达到灭火的目的，反而还会加剧火势。而对于煤和木材火灾，可以近距离扑灭火源，这是因为只有通过高速的粉流射入燃烧物内部，才能达到灭火的效果。

2）泡沫灭火

泡沫灭火器主要用于扑救煤矿井下的油类火灾，也可用于扑灭木材、棉布等固体的初起火灾，但不能用于扑救带电设备火灾和气体火灾。泡沫灭火分为泡沫灭火器灭火和高倍数泡沫发生装置灭火两种。

（1）泡沫灭火器灭火。泡沫灭火器的内、外瓶内分别装有酸性溶液和碱性溶液，使用时将其倒置，酸碱溶液相互混合起化学反应，生成大量充满二氧化碳的气泡喷射出来，覆盖在燃烧物体上隔绝空气，抑制燃烧，起到灭火作用。泡沫灭火器是一种简易的泡沫发生装置，发泡量较少，主要用于小范围火灾。如果扑灭大范围火灾，可用高倍数泡沫发生装置灭火。

（2）高倍数泡沫发生装置灭火。高倍数泡沫发生装置的机制是将高倍数起泡剂充分混入压力水中，并运用通风机的推动力作用，产生气液两相物质，即高倍数泡沫。泡沫在进入火灾区时，泡沫液膜上的水分会快速挥发，吸收大量热量，从而实现了有效的降温散热。高倍数泡沫发生装置灭火成本低、水量损失小、速度快、效果明显，可在距离火场远的安全地点进行灭火，主要用于火源集中、泡沫易堆积的场合，如工业广场、井下巷道；也可扑灭固体和油类火灾，在断电情况下能扑灭电气火灾。

3. 将火源挖除

挖除火源就是将已经发热或正在燃烧的可燃物挖掉，并运离火源点，这是一种扑灭火灾最为有效的方法。一般用于火灾初始阶段，燃烧物较少，火灾范围也较小的火灾，特别适用于煤炭自燃火灾。但前提条件是火源位于人员可直接到达的地点，而且火源点附近无瓦斯积聚，无煤尘爆炸危险。挖除火源时，如果现场温度较高，先用压力水喷浇，待火源冷却后再挖除，如仍有余火，应用水彻底浇灭，再运离火源点。

在挖除火源过程中，如瓦斯浓度达到1%，应立即送风冲淡瓦斯。送风应避免火势因送风而恢复活跃，如火势恢复活跃应及时将人员撤出。在整个挖除过程中必须有瓦检员在场经常检查瓦斯浓度。

（二）隔绝灭火法

隔绝灭火法是当井下火势难以直接扑灭时采用的一种灭火方式，通过建立防火墙迅速地将火区完全隔离，阻断火源的氧气供应，减少火源周围的氧气浓度，从而使火势失去氧气的支撑而熄灭。它是一项有效应对大面积火灾并且有效地控制火势扩散的措施。

1. 防火墙

1）防火墙的位置选择

①在确保灭火效果和工作人员安全的前提下，尽可能缩小被封闭的火灾区域，减少防火墙的数量。②为了方便作业人员的工作并保证空余位置的留存，防火墙应该摆放在距离新鲜空气的流通区大于 5 m，小于 10 m 的范围内。③在设立防火墙时，应该确保防火墙前后 5 m 范围内的围岩是稳定的，不能有裂缝。当巷道围岩出现裂缝时，可使用喷浆或喷混凝土的方法来密封裂缝。④选择防火墙位置时，应该确保材料运输便利，从而能保证防火墙快速建成。且砌筑防火墙的速度能得到快速保证。⑤为了增强防火墙的密封性，建造完成后，必须在防火墙表面涂一层水泥或者覆盖一层防漏风材料。⑥在密闭火区后，应确保在防火墙和火源之间没有旁侧风路。否则，火区的隔离将导致风向反转，可能会使可燃气体和瓦斯回到火源附近，从而引发爆炸性火灾。⑦防火墙应尽量靠近火源，尤其是在进风侧，无论可燃气体是否存在。这样可以缩小火灾范围，减小爆炸性气体的体积，从而减轻爆炸的危害。

2）防火墙的种类

（1）临时防火墙。

临时防火墙的作用是暂时切断风流，阻止火势发展，对其砌筑要求是简便迅速，所以临时防火墙结构简单，用料少，需时短，能迅速隔断火区供风、控制火势发展，并为砌筑永久防火墙创造条件。这类防火墙有风障、伞形风障、充气风障、木板防火墙、泡沫塑料防火墙等几种，可根据具体需要进行选择。

（2）半永久防火墙。

半永久防火墙的使用时间短，密闭性能较好，也便于启封。常用的半永久防火墙有木段防火墙和黄泥防火墙两种。

木段防火墙：该防火墙的木段可以采用旧坑木。将旧坑木锯成长度约为 0.8 m 的木段。之后一层木段一层黄泥，将其均匀地压实，接着再用木楔将其固定紧密，最后再把黄泥抹在木段整体的表面。该防火墙适用于巷道围岩的压力较大、物料搬运困难、作业条件恶劣且需要快速封闭火区的场合。

黄泥防火墙：先在巷道内选择支护完好的地点，在两排支架上打上 3～5 根支柱，然后在内外侧钉木板，中间填黄土，用木槌捣实。这种防火墙隔绝性好，一般用在压力较大的巷道内。

（3）永久防火墙。

永久防火墙的主要作用是对火区进行长期封闭，这就要求永久防火墙要耐火、抗压、材料应该坚固密实。根据用工材料划分，防火墙又分为两种，一种是砌体防火墙，另一种是浇灌防火墙。

砌体防火墙：其主要由料石、砖、混凝土块构成，在堆砌防火墙时，为了增加防火墙的严密性，可以先在巷道的周边开挖 0.3~1 m 的沟槽，在砌筑完成后，在防火墙的外侧与沟槽的四周涂抹防漏风材料，如砂浆、水玻璃、橡胶乳液等。同时在墙体上、中、下插上直径 40~50 mm 的铁管，用作采集气体、检查墙内气体浓度和温度以及放出积水，铁管外口要封严，防止漏风。

浇灌防火墙：在砌筑墙处先掏槽，要求与砖墙相同；然后立模板，浇灌混凝土，待凝固后，即成抗压强度大、密闭性能好的混凝土防火墙。墙面上、中、下同砖墙密闭一样插入铁管，用作采气样、测气、测温、放水。

（4）耐爆防火墙。

在瓦斯较大区域封闭火区时，为防止火区内部发生瓦斯爆炸而炸坏防火墙，可用砂袋或土袋等快速砌筑耐爆防火墙。制作方法是先用砂袋或土袋（土块度应小于 50 mm）堆砌防爆体，其长度一般不小于 5 m；然后靠近砂袋或土袋再砌筑永久防火墙体。砌墙时除安设采样检测管和放水管外，还应安设可从外部控制的铁制风筒，用作向火区送风、稀释瓦斯。

我国有些煤矿用水砂充填代替沙袋来砌筑防火墙。国外还有采用石膏充填的耐爆防火墙。

3）建造防火墙的注意事项

①防火墙地点顶底和两帮岩石及煤壁要坚固、完整，防火墙前后 5 m 范围支架要牢固。②防火墙位置要选择在尽可能距离火区近的安全地点施工，并且防火墙断面越小越好。③火区内绝对不能出现风流逆转情况，否则有发生瓦斯爆炸的可能性。④建造防火墙时，要不断地向火区送入空气以冲淡瓦斯浓度，预防瓦斯爆炸，但风量不宜过大，否则会加剧火区燃烧。建造防火墙前必须制定周密的安

全技术措施，应对可能发生的事故。

2. 封闭火区

1）封闭火区的顺序

封闭火区是一项复杂而危险的工作，尤其是瓦斯矿井，在封闭过程中可能导致瓦斯积聚而引发瓦斯爆炸事故。封闭火区工作过程顺利与否，封闭效果的好坏乃至成败，与封闭火区的顺序息息相关。通常先封闭对火灾区域没有重大影响的次要气流通道，再封闭影响火灾区主要进风和回风的通道。封闭火区可以按照三种不同的顺序进行封闭。

①先封闭进风口，后封闭回风口。在没有瓦斯爆炸危险的情况下，可先在火区的进风口迅速构筑临时防火墙，切断风流，控制和减弱火势，然后在回风口构筑临时防火墙，最后在临时防火墙的掩护下建造永久性防火墙。②先封闭回风口，后封闭进风口。通常情况下，这种封闭方式只适用于火情不算严重、温度不是很高、没有瓦斯且烟雾并不浓厚的情况，其目的在于快速地遏制火势蔓延。③同时封闭进风口和回风口。在瓦斯矿井中，为防止因封闭火区引起瓦斯爆炸，应采取进、回风口同时封闭的方法。所谓同时封闭，仍是先构筑进风口防火墙，只是在防火墙将要建成时先不急于封严，留出一定断面的通风孔，待回风口防火墙即将完工时，确定好时间后，立即封堵进、回风口防火墙上的通风孔。这个方法能够快速地封闭火区，阻止供氧，减小火区内的瓦斯浓度，从而降低了发生爆炸的风险。

总之，在瓦斯矿井封闭火区，应考虑火区内气压的变化、瓦斯涌出量、是否会产生风流逆转、封闭空间的容积、火区瓦斯达到爆炸浓度所需的时间等因素，全面慎重选择封闭顺序和防火墙位置。常用的是进、回风口同时封闭的顺序。

2）封闭火区应注意的问题

①防火墙数目要尽可能少。防火墙越多，控制范围越大，漏风就越大，不利于灭火，另外，防火墙数目少，可避免人力、物力和财力的浪费。②封闭火区用的材料充足，供应及时。③进、回风口同时封闭时，进、回风口必须按约定时间同时封堵"通风孔"，施工人员必须及时撤离。④坚持建筑标准，确保建筑质量。⑤封闭火区时，必须指定专人检查瓦斯、氧气、一氧化碳、煤尘以及其他有害气

体的浓度，并在回风口观测火区温度、烟流的变化情况，还必须采取防止瓦斯、煤尘爆炸和人员中毒的安全措施。

（三）综合灭火法

综合灭火法是将隔绝灭火法和其他灭火方法相结合而形成的一种综合性的灭火方法。综合灭火法就是在封闭火区后，向火区注入泥浆、惰性气体，或者调节风压等，从而扑灭火灾的方法。有实践证明，单纯依靠防火墙来扑灭火灾的时间较长，会使煤炭呈现"冻结"状态，对生产产生负面影响。如果防火墙的质量较差，漏风较多，就无法有效地完成灭火工作。

1. 注浆灭火

在着火的矿井中，普遍采用黄泥注浆灭火的方法，取得了较好的效果。泥浆注入火区后能冷却燃烧物体和岩石的温度，并能充填煤体和岩石的裂隙，覆盖燃烧物表面，阻止其继续燃烧和氧化。

1）注浆灭火适用范围

通常情况下，注浆灭火是在其他灭火方法无效或不可行时而采用的一种方法。当火区被封闭但仍存在裂隙、孔洞或与其他井巷、地表相通，无法实现火区隔离时，也会采用这种方法。还有一种情况是，为了将生产区和火区隔离开来而采取的方法。

2）注浆灭火方法

针对不同的矿井和火灾区域，可以采用多种注浆灭火方法来进行灭火。以下列举一些常用的方法。

（1）地面打钻注浆灭火。如果矿井不是太深，火源与地面距离也相对较近，且地面上恰好又有注浆材料时，这时可以通过在地面上钻孔的方式，将泥浆注入着火区域，以达到灭火效果。

（2）消火巷道注浆灭火。需要在井下火源四周开挖消防巷道，以便能接近火源直接进行注浆灭火。使用这种方法时需要留意，应该从上往下对火区进行注浆（也就是俗称的劈头浇）。这样才能在最大程度上将温度降低并有效地覆盖住火源。

（3）地面集中注浆站注浆灭火。当矿井开采深度较深，范围较大，火源距地面深时，应在地面设固定注浆站，建立注浆系统，进行预防性注浆和注浆灭火。

（4）井下区域性集中注浆灭火。当煤层埋藏较深，不适合在地面建立注浆站时，可在井下建立集中注浆系统，即利用一段巷道作为泥浆池，用泥浆泵和管子把泥浆注入采空区内。

注浆材料应是不燃性材料，一般都是就地取材，如黄土、粉碎的风化页岩或矸石、细河砂、电厂飞灰、石灰等。

2.注惰性气体灭火

惰性气体能够降低火区中的氧含量，从而冷却火源，达到灭火的目的。同时惰性气体向火区注入后，能够加大密闭区内部的气压，从而减少新鲜空气的漏入。惰性气体渗入煤岩裂隙后包围燃烧体，并阻止其氧化和燃烧。

目前常用的惰性气体灭火有注二氧化碳灭火、液氮灭火、湿式惰性气体灭火等。

第四节　矿井水灾防治

矿井水指的是，在矿井建设和生产过程中，由地表和地下流入或渗透到井下的水。凡影响生产，威胁采掘工作面或矿井安全的，增加吨煤成本和使矿井局部或全部被淹没的矿井水，统称为矿井水灾。以下将从地面防治水和井下防治水两个方面阐述矿井水灾的防治。

一、地面防治水

地面防治水是为了保护工业场地和防止井下渗入水流，而采取修建各种防水排水工程的措施。矿井将大气降水和地表水作为主要补给水源。煤矿防治水综合治理措施的"截"就是指加强地表水的截流。

（一）地面防治水工程设计应有的资料

为保障煤矿采掘的安全，在采掘之前，需要进行详细的勘察和记录矿区、井田周边的水系情况，具体包括矿区、井田及其周围的河流、湖泊、水库，以及水利工程的汇水、疏水、渗漏等状况。除此之外，还应该掌握当地历年降雨量和历史最高洪水位数据，根据这些情况，建立有效的排水、防水和疏水系统。另外，煤矿还需要掌握采矿塌陷和地裂缝的分布情况，并了解这些地方的地表水情况。

（二）地面防水措施

1. 避免井口灌水

在矿井井口与工业场地内，其建筑物的地面标高应该高于当地历史最高洪水位。如果标高没有高于最高洪水位，就应该制定防洪措施，如修建堤坝、沟渠等。如果无法保证可行的安全措施，那么应该封闭并填实该井口。

在山区，需要避开可能发生泥石流和滑坡等地质灾害的区域。

2. 避免地表水渗入

1）排水

当矿井井口或者塌陷区范围内，可能会有地表水体进入井下时，必须采取一些安全防范措施。

需要在地势较低的地点修建沟渠，以便排除积水。修建沟渠时，避免在煤层露头、开裂处和渗水的岩层上施工。对于那些无法进行排水沟渠修建的特别低洼地区，进行填平压实。若低洼地区无法进行平整处理，则必须借助专门的水泵或修建排洪站，以防止积水渗入井下。

为了防止地面排放的矿井水再次渗入井下，有必要对其进行妥善处理。

2）截流

在矿井面临河流或山洪的威胁时，为了避免洪水侵入，可以采取建造堤坝和开辟泄洪渠道的措施。

3）疏通

对于河流、山洪能够冲刷到的地段，为了避免阻塞河道、沟渠，应该禁止在这一区域放置矸石、炉灰以及垃圾等杂物。

如果发现与煤矿防治水相关的河道中，存在障碍物或堤坝损坏等情况时，应及时向当地政府报告，并及时采取措施清除障碍物或修复堤坝，以防止地表水进入煤矿井下。

4）堵漏

如果沟渠或河床漏水对矿井的安全构成威胁，则需要进行铺底或改道的处理。这里所说的沟渠包括农田水利的灌溉沟渠。如果地面有裂缝塌陷时，应该对其进行及时的填塞。需要注意的是，在填塞过程中，应该实施安全措施，以避免人员掉入塌陷的洞穴中。

在进行井田内季节性沟谷下的开采之前，需要评估是否有洪水灌井的危险。为避免因雨季造成的影响，开采应该在非雨季进行。同时在采矿工作完成后，要及时对地面裂缝进行填堵处理。

对于仍在使用的钻孔，应该按照要求为钻孔安装孔口盖，而那些已经废弃不使用的钻孔，应该及时对其进行封孔，从而防止地表水或含水层的水涌入井下。另外，要注意一点，在封孔时，应该将封孔资料以及与之相关的情况做好详细记录，并将其妥善保管，以便后期进行备查。在钻孔时，应当注意，孔口管应该高于当地历史最高洪水位，这些钻孔口包括观测孔、注浆孔、电缆孔、下料孔和通向井下或含水层的钻孔。

针对废弃的立井，可以采取封堵填实的措施或者在井口浇筑坚实的钢筋混凝土盖板，还要在周围设置栅栏和标志，以确保安全。

针对报废的斜井也应该采取措施将其进行封堵填实。还有一种措施是在井口以下深度大于 20 m 处砌筑混凝土墙，并在井口处砌筑厚度不少于 1 m 的混凝土墙，最后用泥土填充至井口。针对废弃的平硐，首先应从硐口开始进行填实处理，填实的距离应该至少达到 20 m，然后再进行封墙砌筑。

针对那些位于斜坡、汇水区、河道附近的井口，应该适当加长对其填充的距离。同时，如果报废的井口周围有地表水的影响，就需要考虑设置排水沟来处理这种情况。

3. 做好防汛工作

做好雨季防汛准备和检查工作是减少矿井水灾的重要措施。

（1）在雨季来临之前，需要全面检查煤矿防治水工作，制定适当的应对措施以应对雨季带来的影响。此外，必须制定雨季巡视制度，筹备抢险队伍，并进行相应的演练，保障储备充足的防洪抢险物资。针对已经发现的事故隐患，需要制定应对措施，并落实相关的资金和责任，同时确保在汛期前完成整改工作。对于需要施工的防治水工程，应该有专门设计，在工程竣工之后，应该由煤矿总工程师进行验收。

（2）煤矿需要与当地的气象、水利和防汛等相关机构协商合作，制定应对灾害性天气的预警和防范措施。同时还要时刻关注灾害性天气预报和警示信息，及时掌握可能对煤矿安全生产产生影响的洪涝灾害情况，并采取相应的安全防范措施。加强与周边矿井的信息沟通，在发现矿井水害会危及相邻矿井时，应该及时向周边矿井发出预警，从而有时间采取应对措施。

（3）对于暴雨洪水可能会引发的淹井事故，煤矿应该对此建立一个应对措施，确保在面对这一事故灾害紧急情况时，能够及时撤出井下人员。该应对措施的建立应该包括明确启动标准、指挥部门、联络人员、撤人程序和撤退路线等。一旦矿井面临暴雨风险，就必须立即停止生产作业并保障所有井下人员安全撤离。只有在确认暴雨洪水的潜在风险已经消除之后，才能恢复正常的生产活动。

（4）煤矿还需要制定监察重点部位的巡查计划。一旦收到暴雨灾害预警信息和警报，应立即开始对井田内的废弃窑洞、地面塌陷坑、采动裂隙以及可能对矿井安全生产造成影响的河流、湖泊、水库、涵洞和堤防等进行 24 h 不间断的巡查，以确保安全生产不受干扰。当矿区遭遇大暴雨或强降雨后，需要及时派遣专业人员观测矿井涌水量的变化。

4. 做好地面防治水工程

煤矿企业每年都要编制防治水工程计划，并认真组织实施，还要保证工程资金落实到位。

二、井下防治水

（一）加强水文地质观测工作

第一，对于新建的井筒、开拓巷道与主要穿层石门，应该及时对其进行水文地质观测与编录，同时将这些结构的实测水文地质剖面图或展开图绘制出来。

第二，当井巷穿越含水层时，必须将各种信息详细记录，如产状、岩性、厚度、构造、裂隙、岩溶的发育与填充情况，还有揭露点的位置与标高、出水形式、涌水量、水温等信息。同时还应采集水样并进行水质分析。

第三，当遇到岩溶时，应当详细审视其形态、发育情况、分布状况、充填物质质地及充水情况等，并据此将岩溶素描图绘制出来。

第四，在遇见断裂构造时，应该探测断裂的形态、断距、断裂带的宽度，并且观察断裂带内的充填物成分、胶结程度以及导水性等特征。

第五，在遇见褶曲时，应当观测其形态、产状及破碎情况等。

第六，在遇见陷落柱时，应当观测陷落柱内外地层岩性与产状、裂隙与岩溶发育程度及涌水等情况，并编制卡片，绘制平面图、剖面图和素描图。

第七，在遇见突水点时，应当详细观测记录突水的时间、地点、出水形式、出水点层位、岩性、厚度以及围岩破坏情况等，并测定水量、水温、水质和含砂量。同时，应当观测附近出水点涌水量和观测孔水位的变化，并分析突水原因。各主要突水点应当作为动态观测点进行系统观测，并编制卡片，绘制平面图、素描图和水害影响范围预测图。对于大中煤矿发生 $300 \text{ m}^3/\text{h}$ 以上、小型煤矿发生 $60 \text{ m}^3/\text{h}$ 以上的突水，或者因突水造成采掘区域或矿井被淹的，应当将突水情况及时上报地方人民政府负责煤矿安全生产监督管理的部门、煤炭行业管理部门和驻地煤矿安全监察机构。

第八，应当加强矿井涌水量观测和水质监测。矿井应当分水平、分煤层、分采区设观测站进行涌水量观测，每月观测次数不得少于3次。对于涌水量较大的断裂破碎带、陷落柱，应当单独设观测站进行观测，每月观测1~3次。水质的监测每年不得少于2次，丰、枯水期各1次。涌水量出现异常、井下发生突水或者受降水影响矿井的雨季时段，观测频率应适当增加。

对于井下新揭露的出水点，在涌水量尚未稳定或者尚未掌握其变化规律前，一般应当每日观测1次。对溃入性涌水，在未查明突水原因前，应当每隔1~2 h观测1次，以后可以适当延长观测间隔时间，并采取水样进行水质分析。涌水量稳定后，可按井下正常观测时间观测。

当采掘工作面上方影响范围内有地表水体、富水性强的含水层，穿过与富水性强的含水层相连通的构造断裂带或者接近老空积水区时，应当每作业班次观测涌水情况，掌握水量变化。

对于新凿立井、斜井，垂深每延深 10 m，应当观测 1 次涌水量；揭露含水层时，即使未达规定深度，也应当在含水层的顶底板各测 1 次涌水量。矿井涌水量观测可以采用容积法、浮标法、流速仪法等测量方法，测量工具和仪表应当定期校验。

第九，对含水层疏水降压时，在涌水量、水压稳定前，应当每小时观测 1~2 次钻孔涌水量和水压；待涌水量、水压基本稳定后，按照正常观测的要求进行。

（二）井下防水措施

1. 防水煤（岩）柱

防隔水煤（岩）柱，是指为确保近水体安全采煤而留设的煤层开采上（下）限至水体底（顶）界面之间的煤岩层区段。

《煤矿安全规程》第二百九十七条规定：相邻矿井的分界处，应当留防隔水煤（岩）柱；矿井以断层分界的，应当在断层两侧留有防隔水煤（岩）柱。

防隔水煤（岩）柱应当由矿井地测部门组织编制专门设计，经煤炭企业总工程师组织有关单位审批后实施。矿井防隔水煤（岩）柱一经确定，不得随意变动。严禁在各类防隔水煤（岩）柱中进行采掘活动。

2. 防水闸门

防水闸门是一种井下防水的主要安全设施，设置在井下运输巷道内，正常生产时是敞开的，当发生透水时，关闭水闸门。

水闸门类型：①按流水方式可分为不设流水管装置、设流水管并带闸阀、设水沟带水沟闸门的。②按闸门外形分为矩形、圆形。③按止水方式分为橡皮止水、铅锌合金止水等。

3. 防水闸墙

防水闸墙，是一种井下防水的堵水建筑，设置在需要截水而平时无运输、行人的地点。《煤矿防治水细则》规定：井下防水闸墙的设置应当根据矿井水文地质条件确定，其设计经煤炭企业总工程师批准后方可施工，投入使用前应当由煤炭企业总工程师组织竣工验收。报废的暗井和倾斜巷道下口的密闭防水闸墙必须留泄水孔，每月定期进行观测记录，雨季加密观测，发现异常及时处理。

（三）注浆堵水

注浆堵水就是通过使用注浆泵将预先调制好的浆液通过管道，将其注入井下地层中的空隙、裂隙或巷道，使其扩散、凝固和硬化，从而增强岩层的强度和密实性，并增强岩层的不透水性，从而达到加固地层、封堵截断补给水源的目的。注浆堵水技术是矿井水害防治的重要方法之一。

（四）井下疏放水

井下疏放水是将受水害威胁和有突水危险的矿井水源采取科学的方法和手段有计划、有准备地进行疏放，使其水位（压）值降至安全采煤时的水位（压）值以下。井下疏放水是防止矿井水灾最积极、最有效的措施。根据不同类型的水源，可采取不同的疏放水方法与措施，如疏放老空水、疏放含水层水等。

（五）井下排水

矿井应当配备与矿井涌水量相匹配的水泵、排水管路、配电设备和水仓等，并满足矿井排水的需要。除正在检修的水泵外，应当有工作水泵和备用水泵。工作水泵的能力，应当能在20 h内排出矿井24 h的正常涌水量（包括充填水及其他用水）。备用水泵的能力，应当不小于工作水泵能力的70%。检修水泵的能力，应当不小于工作水泵能力的25%。工作和备用水泵的总能力，应当能在20 h内排出矿井24 h的最大涌水量[1]。

水文地质类型复杂、极复杂的矿井，除采取以上措施外，还可以在主泵房内预留一定数量的水泵安装位置，或者增强相应的排水能力。

（六）井下探放水

探放水是探水和放水的总称。探水是指采矿过程中用超前勘探方法查明采掘工作面顶底板、侧帮、前方等水体的具体空间位置和状况。放水，是指为了预防

---

[1] 刘志民. 矿井排水技术与装备[M]. 北京：冶金工业出版社，2020：139.

水害事故，在探明情况后采用施工钻孔等安全方法将水放出。在煤矿生产中，常采用探放水方法检测采掘工作面前方的水情，然后采取相应措施以保障采掘工作面的安全生产。这些措施旨在防治水患，确保矿井内的工人和设备安全。

（七）井下物探和钻探

为防止重大水灾事故发生，矿井建设和生产期间必须贯彻执行"预测预报、有疑必探、先探后掘、先治后采"的方针。在采掘过程中，必须分析推断前方是否有可疑区，有则首先采取超前物探的措施，对物探结果进行认真分析，确定水文地质复杂区，然后采取钻探措施，验证物探结论，探明水源位置、水压、水量及其与开采煤层的距离，以便采取相应的防治水措施，确保安全生产。

第五节　其他安全事故防治

一、顶板事故及其防治

顶板事故是指在井下采掘过程中，因顶板意外冒落造成的人员伤亡、设备损坏、生产中止等事故，一般称为冒顶。顶板事故经常发生在采煤工作面或掘进巷道。

局部冒顶是指冒顶范围不大、伤亡人数不多（1~2人）的冒顶，常发生在煤壁附近、采煤工作面两端、放顶线附近、掘进工作面及年久失修的巷道等作业地点。

大面积冒顶是指冒顶范围大、伤亡人数多（每次死亡3人以上）的冒顶，常发生在采煤作业面、采空区、掘进工作面等作业地点。大面积冒顶包括基本顶来压时的压垮型冒顶、厚层难冒顶板大面积冒顶，直接顶导致的压垮型冒顶、大面积漏垮型冒顶、复合顶板推垮型冒顶、金属网下推垮型冒顶、大块游离顶板旋转推垮型冒顶、采空区冒矸冲入工作面的推垮型冒顶及冲击推垮型冒顶等。

第三章　煤矿安全事故的防治

（一）采煤工作面发生冒顶的防治

1. 采场局部冒顶的防治

（1）煤帮附近的局部冒顶主要防治措施如下。

第一，采用能及时支护悬露顶板的支架，如正悬臂支架、前探梁及贴帮点柱等。第二，严禁工人在无支护空顶区操作。

（2）上、下出口的局部冒顶防治措施如下。

第一，支架必须有足够的强度，能够牢固地支撑松动易冒的直接顶，并能够承受基本顶来压时的部分压力。第二，支护系统需要具备能够持续控制局部冒顶的能力，并且要有足够的稳定性，以避免在基本顶板下压时支架被推倒。在实际应用中表明，十字形交接顶梁和"四对八梁"支护的效果最佳。

（3）防治放顶线附近局部冒顶的主要措施如下。

第一，如果是金属支柱工作面，可用木支柱作替柱，最后用绞车回木柱。第二，加强局部冒顶这一范围的支护，以便能够防止金属网上那些不稳定的岩块在回柱时掉落而推倒采面支架。另外，如果大块岩石沿走向长度超过一次放顶步距时，就需要在大岩块的局部范围内延长控顶，等到大岩块全部位于放顶线以外的采空区时，再使用绞车回木柱。

（4）地质破坏带附近的局部冒顶防治措施如下。

第一，在断层两侧加设木垛加强支护，并迎着岩块可能滑下的方向支设戗棚或戗柱。第二，加强褶曲轴部断层破碎带的支护。

2. 采场大面积冒顶的预兆

顶板的预兆：顶板连续发出断裂声，这是由于直接顶和基本顶发生离层，或顶板切断而发出的声音。有时采空区内顶板发出像闷雷的声音。顶板岩层破碎下落，称之为掉渣。这种掉渣一般由少逐渐增多，由稀变密。顶板的裂缝增加或裂隙张开，并产生大量的下沉。

煤帮的预兆：由于冒顶前压力增大，煤壁受压后，煤质变软变酥，片帮增多。使用电钻打眼时，打眼省力。

支架的预兆：使用木支架，支架大量被压弯或折断，并发出响声。使用金属支柱时，耳朵贴在柱体上，可听见支柱受压后发出的声音。当顶板压力继续增加时，活柱迅速下缩，连续发出"咯咯"的声音。工作面使用铰接顶梁时，在顶板冲击压力的作用下，顶梁楔子有时弹出或挤出。

其他预兆：含瓦斯煤层，瓦斯涌出量突然增加；有淋水的顶板，淋水增加。

（二）巷道冒顶的防治

1. 掘进工作面冒顶事故的防治

（1）通过对掘进工作面岩石性质的分析，严格控制空顶距。为防止棚子被推倒，在掘进工作面附近使用拉条等方法将棚子连成一体，必要时可设置中柱进行稳固。使用锚杆支护时，要有特殊的预防措施。

（2）严格遵守敲帮问顶制度，对于存在安全隐患的石头必须及时去除，如果无法去除，则必须采取临时支撑措施，严禁进行空顶作业。

（3）在破碎带开凿巷道时，应缩短支护棚距离，通过使用拉条将多个支护棚连成一体来防止倒塌。

（4）采用"前探掩护式支架"，在保证顶板安全、有防护的条件下进行出渣作业，同时要设置支棚腿，以避免冒顶对人员造成伤害。

（5）掘进头有空顶区和破碎带必须背严接实，必要时要挂网防止漏空。

（6）为了防止爆破导致支架坍塌，在布置掘进工作面的炮眼时，必须根据岩石性质、支架与掘进工作面距离情况，确定掘进工作面的炮眼和装药量。

（7）在进行锚杆支护时，需要注意锚孔深度与锚杆密度能否满足当前支护要求，在必要情况下，要使用锚喷网进行联合支护。

2. 巷道交叉处顶板事故的防治

（1）开岔口应选择岩性较好的位置。

（2）严格操作规程，先支抬棚，后拆除原棚。

（3）注意选用抬棚材料的质量与规格，保证抬棚有足够的强度。

（4）当开口处围岩夹角被压坏时，应及时采取加强和稳定措施。

3. 掘进工作面冒顶事故的治理

木垛法：木垛法是处理冒落巷道较常用的方法。当冒落的高度不超过 5 m，而且冒落的范围已基本稳定，不再继续冒落矸石时，就可以将冒落的煤岩清除一部分，使之形成自然堆积坡度，留出工作人员上下及运送材料的空间。在冒落的煤（岩）上架设木垛，直接支撑空顶。架设木垛时，木垛要与顶板接实背好，防止掉矸。在这项工作完成后，就可以边清理矸石边支设棚子。

绕道法：绕道法通常是在冒顶巷道长度较短，在遇到有被困人员的情况时，不容易对其进行处理，而采用的一种方法。通过绕道法能够绕开冒落处，尽快为被困人员输送氧气、食物与水，并快速营救被困人员。在遇难人员救出后，再对冒落处进行处理。

二、提升与运输安全技术

（一）立井提升安全事故的预防措施

1. 断绳事故预防措施

（1）钢丝绳的选择必须符合要求：钢丝绳必须由安全检验中心检验或由经主管部门批准的检验站检验。钢丝绳使用前应检查其外观质量，包括钢丝绳直径（根据安全系数确定）、捻距、绳或绳股捻制的均匀性等。这种检查必须全面、认真，尤其对于直径较大的或进口的钢丝绳，更须格外认真。

（2）坚持日检，加强维护，严格执行更换标准。

2. 钢丝绳打滑预防措施

（1）维护钢丝绳必须使用增摩脂。

（2）严格控制提升载荷，不准超载。

（3）保证制动装置性能良好。

（二）倾斜井巷运输事故的预防措施

倾斜井巷运输事故的预防措施如下。

第一，按规定设置可靠的防跑车装置和跑车防护装置，实现一坡三挡，加强检查、维护、试验，健全责任制。

第二，倾斜井巷运输用的钢丝绳连接装置，在每次换钢丝绳时，必须用 2 倍于其最大静荷重的拉力进行试验。

第三，采用专用人车运送人员。

第四，对钢丝绳和连接装置必须加强管理，设专人定期检查，发现问题及时处理。

第五，矿车要设专人检查。至少每两年进行一次 2 倍于最大静荷重的拉力试验。矿车的连接钩环、插销的安全系数不得小于 6。

第六，矿车之间的连接、矿车和钢丝绳之间的连接必须使用不能自行脱落的装置。

第七，把钩工必须严格遵循操作规程，并在开车前仔细检查所有防跑车装置和跑车防护装置的安全功能。除此之外，还要检查各个矿车的连接情况、载重情况和需要的牵引车数量是否符合要求，如果不符合要求，就不能发出开车信号。在进行挂钩操作前必须先激活挡车装置，而矿车必须先运行到安全停车位置时，才能进行摘钩操作。此外，不得使用不合格的物品代替插销，这是因为插销起到一个保险的作用，所以插销不能随意替换。另外，严禁在松绳较多的情况下将矿车强行推过变坡点。

第八，斜井串车提升，严禁蹬钩。行车时，严禁行人。运送物料时，每次开车前把钩工必须检查牵引车数、各车的连接和装载情况。

第九，绞车操作工要严格执行操作规程，开车前必须认真检查制动装置及其他安全装置，操作时要准、稳、快，特别注意防止松绳冲击现象。

第十，保证斜井轨道和道岔的质量合格。

第十一，保持斜井完好的顶、帮支护，并保持运行轨道干净无杂物。

第十二，滚筒上钢丝绳绳头固定牢固，留够 3 圈钢丝绳，防止发生绳头抽出。

（三）平巷运输事故的预防措施

1. 平巷轨道运输事故的预防措施

煤矿井下平巷轨道运输，采用架线式电机车、蓄电池式电机车或柴油机车。行车行人伤亡事故主要有：列车行驶中与在道中行走的人员相碰，与巷道狭窄障碍物多无法躲避的人相碰，以及违章蹬、扒、跳车碰人。列车运行伤亡事故以撞车、追尾、掉道碰人等事故为主，基本上都是司机违章操作所造成。

许多事故都是因违反《煤矿安全规程》，设施和设备不符合安全要求以及管理混乱造成的。因此，必须认真执行《煤矿安全规程》中的有关规定，并应重视以下几点。

（1）巷道、轨道质量必须合乎标准。①巷道断面：在修建运输巷道时，其断面的设置必须符合《煤矿安全规程》的规定，并且要留有安全间隙。对于老矿井中的巷道，必须定期检测其变形情况，以确保符合安全要求。如果发现安全距离不足以满足要求，应考虑采取适当的安全措施，如设置躲避硐等。②轨道和架线：轨道与架线的铺设标准必须遵循《煤矿安全规程》规定的尺寸要求来进行铺设，同时需要定期进行检查和校准。

（2）保证机车的安全性能。《煤矿安全规程》规定了各种机车的适用条件。机车本身的安全性能必须符合规定。关于机车安全装置的要求有：闸、灯、警铃（喇叭）、连接器和撒砂装置等，都必须经常保持状态完好；电机车的防爆部分，要保持其防爆性能良好。

（3）机车司机谨慎操作。机车司机必须遵守《煤矿安全规程》的规定，在任何情况下，都不可麻痹大意，图一时方便，心存侥幸。

（4）保证列车制动距离。列车的制动距离，每年至少测定1次。运送物料时不得超过40 m，运送人员时不得超过20 m。

（5）保证人员的安全运送。必须遵守《煤矿安全规程》中采用专用人车运送人员，运送人员列车的行驶速度不超过5 m/s，严禁在运送人员的车辆上同时运送爆炸性的、易燃性的或腐蚀性的物品。

（6）加强系统的安全监控，运输系统内的安全监控应达到以下要求：①信号装置必须有效；②重要地段应能发出信号；③信号与列车运行闭锁。

（7）教育广大职工严格遵守《煤矿安全规程》有关规定。列车行驶中和尚未停稳时，严禁上、下车和在车内站立；严禁在机车上或任何两车厢之间搭乘人员；严禁扒车、跳车和坐重车等。

2. 带式输送机伤亡事故的预防措施

带式输送机可造成的主要伤亡事故有胶带着火、断带、撕裂、打滑等。预防措施如下。

（1）巷道内安设胶带输送机时，输送机距支护或砌墙的距离不得小于 0.5 m。

（2）胶带输送机巷道要有充分照明。

（3）除按规定允许乘人的钢丝绳牵引胶带输送机以外，其他胶带输送机严禁乘人。

（4）在胶带输送机巷道中，行人经常跨越胶带输送机的地点，必须设置过桥。

（5）液力耦合器外壳及泵轮无变形、损伤或裂纹，运转无异响。易熔合金塞完整，安装位置正确，并符合规定，不得用其他材料代替。

（6）加强胶带输送机运行管理，教育司机增强责任心，发现打滑及时处理；使用胶带打滑保护装置，当胶带打滑时通过打滑传感器发出信号，自动停机。

（7）下运带式输送机电机在第二象限运行时，必须装设可靠的制动器，防止飞车。

（8）进一步加强安全技术培训，强化持证上岗。

（9）加强机电管理工作。对使用的非阻燃胶带要定出使用安全措施，输送机巷道要设置消防灭火器材。

（10）确保通信畅通无阻，灵敏可靠。

3. 人力推车常见事故的预防措施

人力推车也经常发生一些伤人事故。因此，采用人力推车时，要特别注意安全。

（1）一次只准推 1 辆车，严禁在矿车两侧推车。同向推车的间距，在轨道坡道小于或等于 5% 时，不得小于 10 m；坡度大于 5% 时，不得小于 30 m。

（2）推车时必须时刻注意前方，在开始推车、停车、掉道，发现前方有人或有障碍物，从坡度较大的地方向下推车以及接近道岔、弯道、巷道口、风门、硐室出口时，推车人员必须及时发出警报。

（3）严禁放飞车，巷道坡度大于 7% 时，严禁人力推车。

第六节　自救与互救

一、瓦斯和煤尘爆炸时的自救与互救

防止瓦斯与煤尘爆炸时遭受伤害的措施如下。

第一，背对空气颤动的来向，俯卧倒地。

第二，憋气或者用湿毛巾捂住口鼻，防止吸入烟雾而窒息；还需要用衣物盖住身体，减少皮肤暴露，从而减少烧伤面积。

第三，立即穿上自救器，并确保正确佩戴。

第四，立即离开受灾区域。

第五，如果在灾区无法安全地撤离，则应尽快寻找附近的避难所或者建造一个避难硐室等待救援。

掘进工作面瓦斯与煤尘爆炸后矿工的自救互救措施如下。

第一，假如发生小规模爆炸，巷道和支架状况仍然是安全的，而被困的矿工也没有经历任何直接的伤害或者只有轻微的伤势，那么他们应该立即打开随身携带的自救器，并尽快撤离险情所在的巷道，到达新鲜的风流中。对于附近的伤员，需要帮助受伤者佩戴自救器，并协助他们安全离开危险区域。对于不能行走的伤员，需要将他们带离至新鲜风流 30～50 m 的范围内。如果距离较远，就先为他们佩戴自救器，但不能尝试抬运，等到从灾区撤离后，必须立即通知调度室。

第二，若遇到巷道因大规模爆炸而受损，退路被堵时，只要轻伤未危及生命，就应戴上自救器，设法打通堵塞通道，争取尽快撤离到新鲜的风流中。如果巷道拥堵无法通行，需要在巷道支撑稳定的位置下避难，并利用所有可用条件建造一个临时的避难硐室。在等待援助的同时，有规律地发送求救信号。对于严重受伤的矿工，轻伤矿工应该为其佩戴好自救器，并使其保持静卧状态等待救援。同时，通过利用压风管道和风筒来改善避难地点的生存条件。

采煤工作面瓦斯爆炸后矿工的自救与互救措施如下。

第一，如果进、回风巷道没有被堵截，通风系统也未遭到严重破坏，这时位于采煤工作面进风侧的人员应当迎着风流撤出灾区，而位于回风侧的人员，则要

先佩戴好自救器，之后快速进入进风侧，迎风撤离灾区。

第二，如果爆炸导致严重的塌方和冒顶，通风系统也被严重破坏，使得进出风口积聚大量的一氧化碳和有害气体时，人员很可能会一氧化碳中毒。因此，在发生爆炸事件之后，那些没有受到严重伤害的人员，应该立即佩戴好自救器撤离灾区。位于进风侧的人员要迎着风流撤离，位于回风侧的人员应该尽量采取最短的路径撤离至新鲜风流中。如果冒顶严重，无法撤离现场，那么首先需要佩戴好自救装置，并将受伤严重的人员带到相对安全的地方等待救援。同时还要尽可能利用木料和风筒等材料建造临时避难场所，并在外部悬挂衣物、矿灯等明显标志，然后在避难所静卧等待救援。

二、煤和瓦斯突出时的自救与互救

在发现煤和瓦斯突出预兆后，现场人员要及时采取避灾措施。在采面过程中发现预兆之后，要迅速通知相关人员撤离至进风侧。同时在撤离过程中，应该迅速佩戴好隔离式自救器，迎着风流撤离至安全地带。在掘面过程中，发现煤和瓦斯突出预兆时，应该迅速撤离至防突风门外，并且关好防突风门。

三、矿井火灾时的自救与互救

《煤矿安全规程》第二百七十五条规定：任何人发现井下火灾时，应当视火灾性质、灾区通风和瓦斯情况，立即采取一切可能的方法直接灭火，控制火势，并迅速报告矿调度室。矿值班调度和在现场的区、队、班组长应依照灾害预防和处理计划的规定，将所有可能受火灾威胁地区中的人员撤离，并组织人员灭火。电气设备着火时，应首先切断其电源；在切断电源前，只准使用不导电的灭火器进行灭火。矿井火灾时的互救措施如下。

第一，要迅速了解或判明事故的性质、地点、范围、巷道等情况，并根据《矿井灾害预防和处理计划》及现场的实际情况，确定撤退路线和避灾自救的方法。

第二，撤退时，任何人无论在任何情况下都不要惊慌、乱跑，应在现场负责人及有经验的老工人带领下有组织地撤退。

第三，位于火源进风侧或在撤退途中遇到烟气有中毒危险的人员，应迎着新鲜风流撤退。

第四，位于火源回风侧的人员，应迅速戴好自救器，尽快通过捷径绕到新鲜风流中，撤到安全地点。

第五，撤退时行动要果断，要快而不乱，同时要随时注意巷道和风流的变化情况。烟雾中行走时迅速戴好自救器。最好利用平行巷道，迎着新鲜风流背离火区行走。

第六，在无法避免火灾烟气带来的危害时，应立即进入避难硐室或根据现场条件自行构建临时避难硐室，以保障自身的安全。并把硐室出入口的门关闭以隔断风流，防止有害气体侵入。

四、矿井透水时的自救与互救

按照《矿井灾害预防和处理计划》中所规定的路线撤出灾区。透水后现场人员撤退时的注意事项如下。

第一，在透水之后，应尽可能快地观察和判断发生透水的地点、水源、涌水量、原因和危害程度等因素。同时，立即撤离至透水点以上的水平面，切勿冒险前往透水点附近或下方的独立巷道。

第二，在撤离过程中，应该靠近巷道一侧撤离，便于抓住支架或其他固定物体。在撤离过程中，要避开压力水头和泄水流。同时，注意避免被水中滚动的石块和木材碰撞而造成伤害。

第三，如果透水现象导致巷道中的照明和路标被破坏，使人难以判断行进方向时，人们应该向有空气流通的上山巷道方向撤离。

第四，在撤退时，应该在撤退的路途中或者巷道的交叉路口做好指示方向的标记，以便引起救护人员的注意，并为其营救提供正确的方向。

第五，如果唯一的出口被水浸阻拦住无法逃离，不要慌乱，也不要盲目潜水逃生。而是应该有组织地在独头上山工作面躲避，等待救援人员的到来。独头上山水位上升到一定位置后，上山上部能因空气压缩增压而保持一定的空间。

第六，若是采空区或老窑涌水，要防止有害气体中毒或窒息。

五、冒顶时的自救与互救

采煤工作面冒顶时的避灾自救措施如下。

第一，迅速撤退到安全地点。

第二，遇险时要靠煤帮贴身站立或到木垛处避灾。

第三，遇险后立即发出呼救信号。

第四，遇险人员要积极开展自救和互救，先明确事故地点的顶、帮情况，同时还要明确人员埋压的位置、埋压人数以及埋压情况。在明确这些条件之后，加固埋压人员的四周，防止再次发生冒落现象。在营救遇险人员时，要小心地将遇险人员身上的煤块、岩块搬走。在挖掘营救时，切勿采用敲击或镐刨的方式来破除岩石或煤炭，以免对被困人员造成伤害。如果岩石或煤块较大，可以多人合力搬运或使用撬棍、千斤顶等工具来抬起，以便救出被困人员。将伤员救出后，要立即将其转移到安全地带，并根据其伤情进行适当的救护处理。

第五，遇险人员要积极配合外部的营救工作。

独头巷道迎头冒顶被堵人员的避灾自救措施如下。

第一，对于已经发生的灾害，遇险人员不要慌乱，应该静下心听从班组长的指挥，团结协作。同时要减少体力消耗与隔堵区的氧气消耗，做好较长时间的避灾准备。

第二，如果身旁有电话，应该立即拨打电话求救，说清楚灾情与遇险人数，同时还应该积极采取避灾的自救措施。如果身旁没有电话，应该寻找坚硬的物体，间断有节奏地敲击钢轨、管道、岩石，以便外部人员抢救。

第三，**被堵之后**，应该加固冒落地点与人员躲避处的支护，防止冒顶的范围扩大。

第四，如果被堵区域有压风管，就应该将其打开，从而为被堵空间内部增加新鲜空气的含量，降低被堵空间内的瓦斯浓度。

第四章　煤矿生产危险源识别与风险预警系统建立

煤矿生产系统危险源的识别是确保系统安全的前提和关键，也是对系统进行危险源风险评价的重要步骤，对于全面客观地分析煤矿生产系统危险源尤为重要。煤矿生产系统危险源风险预警系统的建立，其目的是最终实现煤矿生产的本质安全。本章为煤矿生产危险源识别与风险预警系统建立，主要介绍了煤矿生产危险源识别分析、煤矿生产危险源风险预警概述和煤矿生产危险源风险预警系统的建立。

第一节　煤矿生产危险源识别分析

一、煤矿事故危险源辨识概述

1970 年以来，国际社会越来越多地关注对工业企业灾害的预防。为了防止企业发生重大灾害事故，英国最早开始研究危险源，并成立了相关的技术咨询机构，专门研究危险源的辨识、评价、分级等问题。欧洲一些国家于 20 世纪 80 年代初就通过了《工业活动中重大事故危险法令》，美国、澳大利亚等国也相继开始研究危险源，并颁布了相应的危险源法规。20 世纪 90 年代以来，我国也开始逐步关注对危险源管理控制技术的研究，将其列入国家"八五"科技计划项目，并出台了一些危险源法规制度。"九五"期间国家将矿山重大危险源评价技术作为科技攻关计划项目。近年来，国内外许多国家对危险源问题进行深入研究，取得了丰富的成果，在社会经济生产中发挥了积极的作用。总的来说，国内有关危险源的研究工作较晚，相比国外仍然有一定的差距，尤其在煤矿生产等相关企业，煤矿生产系统中的危险源确定、分级评价等需要推广执行，发展潜力巨大。

（一）煤矿重大危险源的概念

本书对煤矿生产系统危险源的内涵等进行了阐述，实质上是根据危险物质的临界情况量化分析的。对煤矿生产系统而言，涉及的危险隐患物质大多以煤炭、煤尘、瓦斯、水、一氧化碳等为主，对它们很难进行预测和量化。其中，煤炭、煤尘都具有自燃特征，并且煤尘具有爆炸性，因此它们具有极大的危险性。与此同时，在煤矿生产采掘过程中随时可能出现煤矿瓦斯、一氧化碳、二氧化硫等有毒有害气体，这些气体对于煤矿井下开采均属于重大危险源范畴。

确定煤矿重大危险源，目前很难通过确切的方法如计算临界值来判断。例如，煤矿井下瓦斯积聚程度是动态变化的，很难对其进行精确的量化计算，也就是说某一矿井的瓦斯含量，不管当前的含量是多少，都有可能随时发生瓦斯爆炸，因此不能仅仅根据某一个单独的临界值指标来进行判断其是否属于煤矿重大危险源。对于瓦斯来说，不管其浓度高还是浓度低，都被界定为重大危险源，主要区别是这些瓦斯的危险性等级不同。此外，若某矿井曾经发生过瓦斯爆炸事故，则直接将该矿井瓦斯定性为重大危险源。再比如，对于矿井火灾、水灾等灾害事故，不能仅根据某一可燃物的含量或进入井下的涌水量就确定可能发生事故的后果。因此，生产系统中某物质具有能够促进重大事故发生的可能性，那么该危险物质就属于重大危险源。其中，发生重大事故可能性程度大的危险物质、设备、设施、场所等称为第一类危险源；能使第一类危险源控制失效的各种不安全因素称为第二类危险源。需要指出的是，本书所指的重大事故主要是伤亡人数一次性在一人以上的或直接经济损失在一百万元以上的生产事故。

（二）煤矿重大危险源的分类

根据现代安全系统工程理论分析，生产系统中存在的可能导致人员伤亡或财产损失的潜在的各种不安全影响因素若控制失效，就可能引发事故现象。因此，人们称那些可能引发事故现象的各种不安全因素为危险源。危险源在事故中发生作用程度各异，据此可将危险源分为第一类危险源和第二类危险源。

根据能量意外释放理论，导致事故的直接原因是能量或危险物质在系统中意外地释放，并且释放量超过了人体所能承受的范围。这种系统内存在的、可能释放的危险能量或危险物质就是第一类危险源，如矿井内部释放热量或危险物质的可燃物、生产设备等。

为了避免系统内能量或危险物质的意外释放，需要采取恰当的控制措施。这些危险源控制措施的恰当程度是相对的，在复杂多因素作用下，对某些意外释放的能量或危险物质的约束限制等措施可能失效，导致能量集聚到临界状态时发生事故。导致系统内能量释放的控制措施失效或破坏的各种不安全因素被称为第二类危险源。

这两种危险源之间相互影响、相互作用。事故发生的物质前提就是第一类危险源的存在，正是由于第一类危险源的存在，使得其能释放能量或危险物质，进而会引发事故。而第二类危险源的存在是导致第一类危险源发生事故的必要因素之一。正是由于第二类危险源破坏了第一类危险源的控制措施，使得危险源意外释放了能量或危险物质，进而导致事故发生。

（三）煤矿重大危险源的特性

通过介绍危险源的发展历程、具体分析煤矿重大危险源的概念以及对重大危险源的类型划分，得出煤矿重大危险源具有以下基本特性。

（1）煤矿事故发生通常局限在矿井内部工作面或周边区域的范围。

（2）煤矿事故发生的直接原因，既包括系统内的危险物质与能量的意外释放，如瓦斯、煤尘爆炸等，也包括系统外部的控制措施失控导致危险物质和能量的意外释放，如矿井透水、瓦斯突出等。

（3）煤矿重大危险源是动态的、不断变化的。随着井下采掘规模、开采深度、地质条件、通风系统等环境的不断变化，矿井内部危险源等级也随之发生变化。

（4）煤矿生产系统内的危险物质和能量，大部分情况下是变化的，是不断累积或叠加的，一旦达到或超出事故临界状况就会造成事故发生。

（5）确定煤矿重大危险源主要是通过重大事故现象如顶板脱落、透水灾害、瓦斯爆炸等发生概率或危险性程度两方面分析，确定是否属于重大危险源。

二、煤矿事故发生影响因素分析

不安全的生产环境在生产系统中并不一定是事故发生的必要条件，但是其往往对事故的发生可能起到一定的促进作用，增加了事故发生概率，扩大了事故危害程度。通过对近年来煤矿灾害事故现象进行分析可知，引发煤矿事故的主要因素有瓦斯爆炸、煤炭自燃、煤尘爆炸、巷道顶板以及透水事故五种类型。

（一）瓦斯爆炸事故

煤矿发生瓦斯爆炸事故，必须具备三个前提要素，一是矿井内部积聚的瓦斯浓度必须达到一定爆炸临界条件；二是存在足够的氧含量；三是具备一定的引燃温度。

（1）瓦斯浓度。在矿井作业现场区域，积聚的瓦斯需要满足一定的浓度要求才会发生爆炸事故，该浓度被称为瓦斯爆炸临界点。

（2）氧含量。矿井瓦斯爆炸危害性与氧含量之间具有一定的关联性，当矿井氧含量不断下降时，爆炸临界状态就会继续缓慢提高。当矿井氧含量不超过12%时，矿井区域气体就会失去爆炸性。

（3）引燃温度。矿井内部的照明、机械设备等作业过程产生的电弧、电火花、设备摩擦等均能够引起瓦斯爆炸。另外，采空区内围岩脱落碰撞产生的火花等，也会引起矿井内部瓦斯点燃爆炸。

（二）煤炭自燃事故

煤炭自燃事故发生概率及其危害程度主要受以下因素影响。

（1）地质构造。矿井内部由于地质破坏使得煤层松脆，产生大量裂缝，为煤层氧化和存储提供有利空间，一旦到达自燃的许可条件，煤层自燃的危险性就会增加。

（2）煤中瓦斯含量。煤层之间以及煤孔隙中都含有大量瓦斯，使得煤层间隙和内表面的含氧量减少，从而降低了煤的吸氧量。

（3）煤的碳化程度。煤的自燃倾向与碳化程度密切关联。一般来说按照无烟煤、半无烟煤、烟煤到褐煤的顺序，其碳化程度不断增大，自燃倾向也逐渐增加。

（4）围岩性质。围岩顶底板的结构、硬度和可塑性等特征也与煤炭的自燃程度密切相关。若围岩损坏较大，则其漏风量越大，发生自燃的概率也就越大。

（5）开采深度。随着煤层开采的深度越深，地压与煤炭的温度越高，使得煤层内在水分更容易被吸收，从而极大地提高了煤炭自燃危险性。

（6）漏风条件。当矿井内部的漏风满足以下两个条件时，就会引起煤炭自燃。一是有风流流通；二是风速均匀。

（7）开采煤层和倾角。矿井内部的煤层越厚、倾角越大，煤自燃的危险程度就越大。

（三）煤尘爆炸事故

煤尘发生爆炸的前提，需要满足三个条件。一是煤尘本身具有爆炸性。二是在较封闭的矿井环境中，煤尘的浓度也保持在一定的水平。三是在密闭的环境中，存在热源。当这三种条件同时具备并满足时，就会引发煤尘爆炸。总的来说，煤尘爆炸事故主要与以下因素相关。

（1）煤的挥发分。一般来说，煤尘的可燃挥发分浓度与爆炸强度成正比，即煤的可燃挥发分浓度越高，其爆炸强度越大。

（2）瓦斯浓度。煤尘爆炸的风险随着瓦斯浓度的提高而增加。一般来说，当瓦斯爆炸发生时，一定会引发煤尘爆炸。如果井下存在煤尘，即使是规模较小的瓦斯爆炸也有可能演变成严重的煤尘瓦斯爆炸事故。

（3）氧含量。巷道内的氧含量越高，矿井煤尘引燃温度就越低，煤尘就越易于点燃，这两者之间成反比关系。煤尘只有在矿井中的氧含量超过17%时才会发生爆炸。此外，煤尘爆炸压力的大小也与巷道内的含氧量密切相关，即氧气含量越高，爆炸压力越高，反之则越低。

（4）煤尘浓度。只要井下煤尘浓度超出规定的范围，就可能会出现爆炸的危险。

（5）煤尘粒度。煤尘的粒度与爆炸的难易程度成反比。煤尘粒度越小，燃烧性就会更好，并且在空气中传播速度也会更快，因此也越容易发生爆炸。

（6）引爆热源。引爆热源也与爆炸的难易程度成反比。当热源温度升高时，煤尘就越容易点燃，同时煤尘的爆炸力度也会随之增强。相反地，若热源温度较低，则煤尘点燃的难度加大，而爆炸的强度也会随之降低。

（四）巷道顶板事故

巷道顶板事故是指在矿井的开采和生产过程中，由于矿井地压过大或者围岩支护不力等因素，导致巷道顶部出现冒顶、片帮、顶板掉矸、顶板支护倾斜等危险情况。主要有四方面因素影响巷道顶板事故的发生与危害程度。

（1）地质构造。因为地质构造的影响，煤层呈现出复杂的形态，其中包括断层、褶曲、挤压、破碎带、冲刷、节理、裂隙等各种现象。这些特征可能为矿井巷道的运行带来巨大的风险，并可能导致巷道顶板事故的发生。

（2）巷道围岩状况。矿井巷道围岩的状况也会影响巷道顶板事故的发生。矿井巷道围岩状况主要包括围岩岩性结构、围岩移动状况、巷道断面状况、使用年限等。

（3）开采深度。随着煤层开采深度的增加，矿井巷道内的支撑压力就会越大，从而增加了巷道的变形风险。此外，在顶、底板围岩稳定，并且每个岩层的冲击倾向较明显的情况下，更容易发生冲击地压。

（4）煤层倾角。煤层倾角越大，围岩倾斜下推力就越大，导致巷道更易出现鼓帮、底板滑落、顶板抽条冒落等破坏。

（五）透水事故

透水事故主要是指在煤矿生产系统的建设与运行过程中，地表水或地下水进入采掘工作面，而引发人员伤亡和经济损失的灾害事故。造成这一事故的主要因素有人员、设备、环境、管理等方面不安全因素，同时地表水与地下水也是通过裂隙、断层、塌陷区等通道涌入煤矿中的。透水事故的发生需要满足两个基本条件，即有足够的水源；存在能够使水涌入的通道。水源主要包括降水、地表水、地下水、采空区积水等。涌水通道可以分为自然通道和人工通道两种类型。自然通道中，可能存在由地质岩层和构造形成的裂隙和孔隙，而人工通道则主要有废弃钻孔与开采围岩破坏孔隙。

矿井透水事故主要受以下因素影响。

（1）地表水。地表水主要指通过降雨渗入到开采地势较低且埋藏较浅的煤层主要水源。

（2）地下水。地下水主要指由地表水不断渗入到地下并且不断流动的水源。煤矿采掘深度越深，则水压越大，并且煤层裂缝越大，含水量越多。

（3）采空区积水。废弃的矿井巷道内常常储存较多积水，当井下采掘工作面与旧巷道相连通时，会有大量积水瞬间涌出，造成严重透水事故。

（4）断层水。矿井断层内含有大量的积水，并且不同断层之间的含水层相互连通，有些可能与地表水相连。当作业设备遇到断层或地表时，就会涌出断层水。

（5）涌水通道。矿井内由于地质原因形成的某些缝隙、裂、断裂带和断层带等都是引发透水事故的天然通道。

三、煤矿事故危险源的辨识方法

（一）煤矿事故危险源辨识依据

为了准确地进行煤矿生产系统危险源辨识，首先要根据煤矿企业生产的实际情况，搜集有关企业危险源的第一手资料，并且根据煤矿领域安全管理专家知识经验等，作为煤矿生产系统危险源确定、危险源等级划分的标准和依据。如果仅凭个人的主观经验进行判断，可能会对危险源状况考虑不完全，进而会影响到危险源的管理和控制工作的准确性。

根据煤矿事故危险源辨识依据，我们认为搜集企业危险源的第一手资料包括下列五个方面。

（1）国内外颁布实施的相关法律法规、规程规范条例标准等，如《中华人民共和国宪法》《中华人民共和国安全生产法》《中华人民共和国劳动法》《中华人民共和国矿山安全法》《煤矿安全监察条例》《煤矿安全规程》《爆炸危险场所安全规定》《煤矿井下粉尘综合防治技术规范》《中华人民共和国职业病防治法》等。

（2）国内外典型的煤矿企业重大事故案例资料、技术标准等。

（3）煤矿企业自身制定的生产规章制度、作业规程、安全生产技术标准和管理措施等文件。

（4）国内外较为典型的煤矿生产事故发生机理。

（5）最新颁布的一系列技术标准、条例等有关文件。

（二）煤矿事故危险源辨识的方法应用

所谓煤矿事故危险源辨识，是指准确地发现、辨别煤矿企业内部生产作业中是否存在危险源以及危险性程度的过程等。由于煤矿生产系统相对其他系统较为复杂，做好危险源的准确辨识工作较为困难。尤其在复杂生产环境下，危险源准确辨识工作变得更为困难，除了借助于科学的危险源辨识方法以外，还应该具备较强的专业领域知识和丰富的管理实践经验等。

结合国内外相关文献资料的系统分析，针对煤矿事故危险源辨识方法问题，将其归纳分为两大类型，即经验对照法和系统安全评价法。其中，经验对照法又细分为工作任务分析法、直接咨询法、现场观察法和查阅记录法四种类型。为了对煤矿生产系统中的危险源做到准确、全面辨别，可以采用多种辨别方法相互结合，保障生产系统中危险源辨识的全面性。

1. 经验对照法

经验对照法是根据相关联的技术标准、操作规程、规范或公认的实践经验等进行相互对照比较来辨识评价危险源的方法。这里所指的技术标准、操作规程规范或检查表等都是建立在大量的实践经验总结基础上的。因此，这种经验对照法通常被认为是一种依据实践经验为主的定性分析的危险源辨识方法，多适用于有实践经验可供借鉴和参考的场合。

20世纪60年代以后，国外大量使用经验对照法判别危险源及其等级分类。如美国的职业安全卫生部门针对不同行业设计了多种安全检查表，为做好危险源的系统辨识工作提供了较好的方法。安全检查表是以以往事故案例为基础，通过经验积累而形成的。该方法的最大优点是简便可行，缺点是重点不突出，难免挂一漏万。因而，在实际的应用过程中，如果没有大量的案例和经验可供选择对照，是不宜采用经验对照法辨识危险源的。

工作任务分析法是一种通过综合分析事故致因理论、相关技术标准、操作规程和实践经验等，准确识别生产中潜在危险源的方法。这个分析方法的主要流程是先列出需要识别的子任务和工作步骤，然后按照工艺流程或重要性的顺序进行排序。比如，在井下作业现场，可以按照打眼、临时支护、扒装运输，以及验收等程序来识别潜在的危险源。其次，对每个工序中存在的危险源进行分析和识别，主要从人员、设备、环境、管理四个方面进行考虑分析。最后，需要对危险源所产生的危险程度、风险等级以及事故类型进行明确。以煤矿事故为例，通常可以分为瓦斯爆炸事故、顶板脱落事故、机电设备事故、水灾事故、火灾事故、提升运输故障事故和其他类型的事故。

2. 系统安全评价法

所谓系统安全评价法，是指根据系统安全评价原理等方法，对系统中可能发生危险性事故的所有危险物质及其相互之间关系的确认，实现对系统潜在的危险源的准确辨识。该方法主要从安全评价和分析的角度对危险源准确辨识，不仅能够辨识系统中可能会造成重大事故后果的危险性物质与能量，还可以辨识无任何事故先例情况下的危险性因素。例如，对核电站运营中的重大危险源辨识和评价，就是在无任何事故先例发生的情况下，并且对核电站的事故预测非常准确，这在后来国外发生的核电站重大事故中得到了充分证实。因此对于那些复杂系统来说，确定系统中重大危险源就更需要从系统整体安全分析角度考虑。常用的系统安全分析方法主要有以下五种类型。下面对常用的系统安全评价方法逐一具体分析。

（1）预先危险分析法。预先危险分析法，最早起源于美国军事部门，是一种在系统设计前进行的预先评价，通常对一些起始阶段的装置、物料、工艺顺序以及能量过大失控时的危险性类别、条件及后果严重性等进行宏观分析。预先危险分析法主要对系统中潜在的危险物质、危险等级等进行准确辨识确定，并采取合理管理措施防止危险源演化为事故。

（2）事故后果分析法。事故后果分析法是指事故发生后对企业内外部的人员、设备、环境等造成危害的严重程度进行分析评价。对潜在危险较大且可能发生事故的企业来说，只有充分了解其危害性后果时，对其进行危险性分析才是全面的。该方法对于企业的管理部门具有非常重要的应用价值，能够为企业管理决策者提供科学的安全生产防护措施。此外，完全避免生产事故发生也是一个不现实的事情，因此，对于企业安全生产者来说，控制、降低事故后果的严重程度是非常重要的。

（3）故障类型及影响分析法。故障类型及影响分析法是指针对系统各设备单元系统等所有可能发生故障的模式、原因及危害程度等进行全面分析，找出其中的薄弱环节，并按故障发生模式、概率以及危害程度进行分类的一种综合评价方法。故障类型及影响分析结果可为综合评定、维修、安全等设计工作提供重要的基础信息。该分析方法的本质特点是自底向上，即系统性、层次性地分析故障的逻辑关系，通常采取常规分析和模糊分析相结合的方式进行，如基于模糊评判和故障影响传播图相结合的综合分析方法。该方法能够全面分析系统单因素故障模式及影响结果，但对复杂多因素作用下的故障模式分析，特别是环境和人的因素相互作用，不能取得较好的效果。

（4）故障树分析法。故障树分析法是指一定条件下通过绘制故障树等逻辑推理方法，对系统故障原因深入分析，找出系统故障发生概率，进而采取恰当的控制措施。故障树分析法在复杂系统的安全性、可靠性分析等领域具有广泛的应用价值。与其他方法相比，该方法是对系统故障原因逐级分解，按照树枝状逐步细化的图形演绎方法，来确定故障产生的本质原因影响范围及发生概率等，有助于对系统有关结构、系统功能、故障维护等，完善设计、制造、使用及维护过程中的可靠性等有更深刻的认识。

（5）事故树分析法。事故树分析法是一种逻辑演绎的分析方法，从事故发生的起源开始，逐步寻找可能引起事故的触发事件、直接原因、间接原因和根本原因，并绘制逻辑树图进行定量和定性分析，以便分析它们之间的逻辑关系。通过进行事故树分析，可以方便地审查出系统内已经存在和潜在的危险因素，从而为煤矿生产管理提供合理的科学依据，并且向相关人员提供明确的重点信息。事故树分析法可以按照下列流程实施（图4-1-1）。

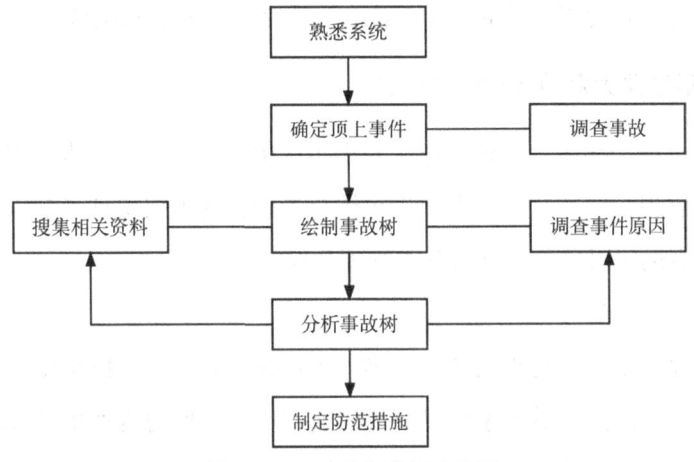

```
        ┌──────────┐
        │ 熟悉系统 │
        └────┬─────┘
             │
        ┌────▼─────┐      ┌──────────┐
        │确定顶上事件│──────│ 调查事故 │
        └────┬─────┘      └──────────┘
             │
┌──────────┐ │ ┌──────────┐ ┌──────────┐
│搜集相关资料│─│ │ 绘制事故树 │─│调查事件原因│
└──────────┘ │ └────┬─────┘ └──────────┘
             │      │
        ┌────▼─────┐
        │ 分析事故树 │
        └────┬─────┘
             │
        ┌────▼─────┐
        │制定防范措施│
        └──────────┘
```

图 4-1-1　事故树分析法流程

（三）煤矿重大危险源辨识的方法应用

重大危险源辨识是指依据某一确定的技术标准，分析确定某一潜在危险源是否成为重大危险源的过程，它是在对危险源准确辨识的前提下分析的。煤矿生产系统作为一类特殊的生产系统，难以辨识并确定重大危险源，并且对那些特定的重大危险源也是难以辨识的，因此需要采用特定方法分析来进行辨识。不同的危险源要采用不同的辨识方法，主要的辨识方法有以下几种。

1. 依据标准规定的方法

依据《危险化学品重大危险源辨识》（GB 18218-2018）中的相关技术标准，可以对火灾、爆炸以及有毒有害物泄漏这三类危险源进行较准确地辨识分类。采用该技术标准辨识的主要依据是危险物质的危险性程度及临界值，同一种危险物质的临界值可以分为生产区和贮存区两个标准，属于对照比较法。

2. 采用安全评价分析法

对某些相对复杂的危险源，如矿井煤瓦斯突出、空区围岩失稳等重大危险源，可以基于 BP 神经网络算法、灰色系统理论以及模糊数学等方法确定重大危险源。

3. 采用专门分析方法

为了发现特殊煤矿生产体系中的危险源，必须采用专用的分析方法识别。例如，在深井煤矿开采过程中，有时会遇到围岩爆裂或大面积的采空区失稳等问题，这种情况下就需要运用相关的力学理论和方法来进行分析和确认。

（四）煤矿重大危险源辨识的内容

人员、机械、环境、管理是煤矿安全生产中的主要风险因素。因此，对于重大危险源的辨识，要从这四个方面进行综合考虑，这不仅保证了辨识的全面性和系统性，还有助于对危险源进行分类管理和控制。

1. 重大危险源的辨识

为了使煤矿生产系统重大危险源辨识更加科学合理，可以采用德尔菲法进行辨识，即通过多次的领域专家信息交流沟通和反馈，使得沟通中的分歧意见逐渐缩小，最终达成一致意见的辨识结论。

德尔菲法是在 20 世纪 80 年代提出的一种简单直观的危险源辨识方法，其应用领域极其广泛。该方法原理是针对一些无法量化分析、模糊性很强的信息，充分利用专家具备丰富的专业理论知识和广泛的实践经验等特点，通过信息交流沟通等方式处理，并经过反复调整和修正，最终使得专家们意见趋向一致。德尔菲法是一种常见的评价分析方法，具有下列三个方面的基本特征。

（1）匿名性。由于接受邀请的专家通常并不相互见面，这有利于减少专家评价时心理因素产生的影响。

（2）轮回反馈沟通情况。组织协调人收集统计每一轮专家反馈的辨识结果，并将其转发给其他每一位专家，为下一轮辨识提供借鉴和参考。

（3）预测决策结果的统计性。德尔菲法采用数理统计方法来分析处理数据，因而可以定量评价辨识结果。

采用德尔菲法进行重大危险源辨识一般需要遵循下列四个基本步骤。

（1）确定专家。确定专家是非常重要的一步，选择专家的质量高低将直接影响辨识结果的准确程度。在得到专家同意的前提下，邀请该领域中既有渊博的专业理论知识，又有丰富实践经验的专家参与重大危险源辨识。

（2）将相关危险源的数据资料以及确定准则等，通过信函等途径转发给受邀的每位专家，邀请他们从自身拥有的知识和实践经验角度独立地确定重大危险源。

（3）对反馈结果进行处理。将专家反馈的意见整理归纳起来，将专家意见不一致的地方汇集起来，并再次将其反馈给其他专家，要求在新的辨识标准上重新辨识确定重大危险源，并说明具体原因。

（4）重复步骤（3），直至90%以上的专家意见基本一致，将一致的辨识结果确定为重大危险源类别。

针对当前煤矿企业生产的实际状况，结合德尔菲法进行重大危险源辨识确定准则等，可以将水害、火灾、瓦斯爆炸、煤尘爆炸、顶板脱落事故确定为煤矿生产系统中的重大危险因素，即凡是由上述五类危险隐患因素导致的事故，那么事故后果将是非常严重的。

（1）水害。主要包括井下煤顶部砂岩、灰岩水，断层、岩溶陷落柱导水，采空区、老空水、矿井突水、穿透含水层、煤柱保护差等。

（2）火灾。主要包括煤炭自燃发火、皮带着火，电气火灾、井下烧焊、机械摩擦着火等情况。

（3）瓦斯爆炸。煤矿根据瓦斯含量分为低瓦斯矿井、高瓦斯矿井，但不管是哪一类，都存在瓦斯积聚现象。瓦斯积聚场所主要包括采煤工作面隅角、临时停风巷道、巷道和工作面高冒区等。

（4）煤尘爆炸。矿井煤尘爆炸指数约在40%时，随时可能发生爆炸。

（5）顶板脱落事故。主要包括冒顶、片帮等。其中，导致顶板脱落事故的主要原因包括空顶作业、支护不及时，支护方式或参数不合理，施工方法不当，支护失效，地质构造，应力集中等。

另外，从人、机、环境等方面分析，引起煤矿生产系统重大危险隐患的因素主要包括以下几方面。

（1）设备、器材、材料方面。主要包括：设备、器材、材料不符合相关规定，保护不合要求，安全设施未达到技术标准，检查、维修作业不正常等。

（2）不规范行为方面。主要包括：矿井一线操作人员的安全生产意识淡薄，自保、互保能力意识不强，"三违"现象严重，失误现象严重等。

（3）安全管理方面。主要包括：煤矿生产企业安全管理制度等不够完善、管理措施不够严格、工艺水平和方法不够恰当合理等。

（4）职业病危害方面。主要包括：矿井生产性粉尘，有毒有害物质，振动与噪声，超出人体承受能力的高温、低温等情况。

2. 第一类重大危险源

煤矿生产系统中第一类重大危险源主要包括危险物质、顶板、机械设备设施以及场所等四个方面因素。

1）危险物质方面

危险物质主要包括下列七个方面内容。

（1）瓦斯。主要包括：生产采掘工作面、顶板脱落空洞内、回采工作面上隅角、老空区、风速较低的附近巷道的顶板区域，生产设备四周区域、废弃的巷道内以及采空区附近区域的瓦斯，都属于危险物质。

（2）瓦斯突出。

（3）井下采掘面与各运输中转场所之间的煤尘。

（4）顺槽、采掘面、采空邻近区域的易燃煤层。

（5）水。主要来源于六个方面：①在处于底板突水系数超过 0.06，并且正常系数超过 0.1 的采掘面作业；②虽然采掘工作面的位置高于隔水层，但其实际情况是，工作面并没有达到安全厚度的标准；③采掘工作面位于导水断层、陷落柱、钻孔、含水层、灌浆区等周边区域；④开采区域在煤层露出的上限或者水位以下；⑤那些在雨季时面临更大威胁，而且缺乏有效的防治措施的矿井；⑥那些相邻距离较近的矿井，其预留的防隔水煤柱并没有按照要求设置。

（6）一氧化碳等有毒有害气体。

（7）井下爆炸物等易燃易爆品。

2）顶板方面

顶板隐患主要包括以下五个方面。

（1）采掘巷道通过松软的煤层、岩层、流沙层、损坏带以及复合顶板等。

（2）采掘面遇到疏松顶板，通过断层、老空、老巷、煤柱、陷落柱、冒顶区域，以及采掘复合顶板或初采初放等。

（3）采掘位于冲压区，采空区包围的煤层等。

（4）采掘操作沿空等。

（5）采掘面悬顶等。

3）机械设备设施方面

机械设备设施主要包括下列六个方面。

（1）通风系统，包括主扇、局扇，主进、回风巷风门等。

（2）排水系统，例如，水泵等。

（3）供电系统，包括矿井供电设施、主变压器、主电源、电缆及隔爆开关等。

（4）运输提升系统，包括主副提升罐笼、主提升绞车、运输皮带等设备。

（5）采掘生产系统，包括采掘设备、转载设备、刮板输送机、摇进机等。

（6）其他有关机械设备设施等。

4）场所方面

场所包括掘进工作面、采空区、老空区、爆破材料库等。

3. 第二类重大危险源

第二类重大危险源主要包括人员的不安全操作行为、管理的决策失误、物质和设备设施的不安全状态以及不安全的生产环境等因素。

1）人员操作和管理失误因素

人员操作和管理失误因素主要包括以下五个方面。

（1）操作人员和管理人员违反安全生产法律法规及其他作业规程等严重危及企业的安全生产，如安全生产监测活动未按制度规定进行或很长一段时间内未按规定要求实施执行等。

（2）操作和管理人员未按规定采取恰当的技术或管理措施以及采取可能诱发事故的行为等。

（3）井下操作人员生产过程中违反规章制度进行操作，如未按规定指示操作提升系统、违章驾车等行为。

（4）冒险进入危险场所，如冒险进入废旧封闭区域、冒进信号、调车场车速过大、易燃易爆区域存在火源、冒险搭乘运输车辆、在运输车道上行走等不安全的行为。

（5）对于有毒有害物质、易燃易爆品的处置方法不当，如不正确处理爆破瞎炮、糊炮、有毒有害物质等。

2）物和设施的不安全状态因素

物质和设备设施的不安全状态主要包括下列八个方面。

(1) 不合理的开采布局，包括采掘区域内同时在三个以上采掘工作面操作，采掘区域内主要进风、回风巷相互交叉严重，对易自燃的煤层开采专用回风巷、采区无完善的通风排水系统等。

(2) 超层、越界进行生产作业或者未按安全生产规定采掘保安煤柱等。

(3) 通风系统方面，包括矿井主要通风设备的通风能力不足、无备用风机工作等；矿井无完整独立的通风系统；通风设置不符合规定，如串联通风、扩散通风等；各用风地点风量不足；矿井内部风速、风量、风质不符合规定要求等。

(4) 排水系统方面，包括矿井、采空区内排水系统不完善、排水能力低，矿井突水淹井危险未能采取有效措施等。

(5) 供电系统方面，包括供电设备设施井下电缆数量及备用电源不符合规范要求等。

(6) 提升运输系统方面，包括提升运输系统意外故障、提升运输装备安全指标和技术参数不符合规定标准等。

(7) 矿井主要防爆、隔爆等防护设施不能正常工作，如安全装置被拆除、故障及调整错误；安全生产设施、保护装置、监控装置等不符合规定，对煤矿井下安全生产可能造成严重影响。

(8) 其他方面，如生产设备发生严重故障维修不力，导致煤矿生产系统陷入瘫痪状态等。

3）不安全的生产环境因素

不安全的生产环境因素主要包括五个方面。

(1) 井下现场作业区域、机电设备室的环境温度持续超过 30 ℃和 34 ℃。

(2) 井下巷道风流速度过大，超过标准较长时间。

(3) 井下采掘区域的进风流中氧气浓度低于 20%，二氧化碳浓度高于 0.5%。

(4) 井下采掘区域的粉尘浓度持续超过规定的标准值。

(5) 井下采掘区域的噪声长期高于规定的标准值。

以上从人员操作和管理失误、物和设施的不安全状态、不安全的生产环境三个方面对煤矿生产系统重大危险源辨识确定作了具体分析。此外，煤矿生产系统危险源还具备一些与其他系统不同的基本特征：其一，煤矿生产系统危险源事故一般局限于矿井内部作业区域；其二，煤矿事故发生的本质原因，既含有系统内的危险物质与能量，又包含系统外失控的物质与能量，如瓦斯爆炸事故中，地应力与瓦斯压力相互作用下煤与瓦斯及岩石的突出等；其三，煤矿重大危险源是动态变化的。随着采掘工作的不断进行，井下地质条件、通风能力、生产环境等都会不断发生变化，其危险性程度也随之增加。其四，煤矿系统中危险物质与能量几乎都是通过不断积聚方式实现和达到的。例如，矿井内部通风能力差的状况下，矿井瓦斯含量可以逐步积聚到爆炸临界下限5%，也可以积聚到燃烧浓度16%以上。

第二节　煤矿生产危险源风险预警概述

一、煤矿生产系统危险源风险预警特征

风险预警是一项处理生产现场潜在安全风险的措施，需在生产前对安全风险进行辨识、评价，并及时了解安全生产状况。通过对风险水平和状况进行分析，可以制定相应的警示措施。安全风险预控是指为了防止生产事故的发生，必须根据风险预警等级和情况来采取适当的控制措施，以控制和预防安全风险，并将潜在的损失降至可接受的最低水平。

所谓煤矿生产系统危险源风险预警，是指煤矿企业在生产作业过程中，实时动态监测生产系统中潜在的危险源，并评估其事故发生概率及其严重程度，及时发出危险源风险预警信息，以便能够及时采取相应的危险源预防控制措施，避免事故发生或降低危险源事故发生概率及事故后果严重程度。煤矿生产系统危险源风险预警与当前企业生产过程中的风险管理以及现有的煤矿生产系统危险源检查管理方法不同，其具有以下几个特征。

（一）以预控为核心

煤矿生产系统危险源风险预警与安全控制的核心内容是预防控制，也就是在全面分析辨识、评价和预警危险源风险基础上，制定科学合理的危险源风险预控策略，从源头上杜绝或降低危险源风险程度。

（二）全方位管理

煤矿生产系统的危险源风险预警，需要综合管理煤矿系统的各单元和子系统中的潜在不安全因素。

（三）全过程管理

煤矿生产系统危险源风险预警贯穿煤矿生产系统运行的全部生命周期，即从煤矿设计、建立、生产运营、结束等各阶段、各环节都要进行危险源辨识、评价、分级、预警分析，即要做到纵向到底。

（四）螺旋上升管理

煤矿生产系统危险源风险预警是一个螺旋上升的管理过程。该过程从危险源辨别确定开始，经过危险源的评价分类、风险预警，对危险源进行动态监控，并根据危险源风险预警情况进行预警信息提示和采取恰当的预控措施，最后对风险控制效果进行评估，为煤矿安全生产管理提供经验知识和决策支持。煤矿生产系统危险源风险预警过程是在不断循环和改进中动态上升的。

（五）双保险、闭环式管理

煤矿生产系统危险源风险预警是一种双保险、闭环式管理系统。系统对所有可能的危险源实行双重闭环管理。即在充分揭示危险源事故发生规律基础上，采取恰当的管理控制措施，避免引发事故。在持续动态监测潜在的危险源同时，寻找可能产生的新危险源，当预控失效或出现新的危险源时，预警系统及时、快速发出预警信息，以便消除危险源风险或降低危险源风险程度，防止危险源演变为事故造成人员伤亡和经济损失。

二、煤矿生产系统危险源风险预警流程

作为风险管理的一种手段，并基于风险管理理论中风险管理应遵循发现问题—分析问题—解决问题这样的一种基本顺序，风险预警的主要流程依据风险辨识—风险影响—风险范围—风险后果—风险分析—风险解决等一系列步骤实施。因此，煤矿生产系统危险源风险预警也应沿着风险辨识—风险评价—风险分析—风险预警预报—风险控制等程序实施。

基于上述分析，对煤矿生产系统危险源风险预警预控一般可以采用四个具体步骤，具体流程如图 4-2-1 所示。

图 4-2-1 煤矿生产系统危险源风险预警预控流程

（一）风险辨识

风险辨识是危险源风险预警及预控工作的前提和基础。首先是确定煤矿生产系统危险源风险要素，明确系统可能引发的事故类型，识别、分类并且判定生产系统所面临的且可能潜在的风险指标要素，在遵循相关步骤方法的基础上判定有可能引发生产事故的各种风险源。

（二）风险评价

风险评价是一种基于系统分析的方法，通过评估煤矿生产系统中潜在的危险源的风险因素，确定事故发生的概率和影响程度。对于评价煤矿生产系统中的风

险,不仅有助于制定具体而有效的防范措施,同时还能为相关部门的管理决策提供科学支持。

(三)风险预警

风险预警,是指通过一定的技术方法与手段,对将要发生或可能发生的安全风险进行相应的事先性的报警,即通过一定的技术手段,同时在前期风险辨识和风险评价的基础上,监测生产系统中可能出现的各种风险,一旦监测指标或数值达到或超过事先设定的风险标准值,就会及时发出警示,并通知相关部门和人员采取预防措施,以避免风险演变为事故。例如,为了确保风险的可控性,风险预警系统会对风险指标进行实时监测,并在指标数值达到设定标准时,通过通信手段立即通知各级安全管理人员采取相应的防范措施。

(四)风险预控

风险预控是在发生风险预警后,根据警示的风险等级,将找到的危险源或风险进行分级,并根据这一等级采用特定的风险控制措施和应急决策策略,加以处理和实施。风险预控的主要目的是在风险发展为事故之前,消除或监测风险,并预防事故发生,以达到事故预警、并最大限度减少事故损失的目的。根据危险源风险的分类,可以将风险预控措施分为技术型预控措施和管理型预控措施两大类。

三、煤矿生产系统危险源风险预警模式

由煤矿生产系统危险源风险预警的内涵、预警流程的详细分析可知,煤矿生产系统危险源风险预警工作主要包括危险源监测、危险源辨识、危险警情诊断与评价、风险预警决策、预控及控制趋势预测等方面内容,全面具体的煤矿生产系统危险源风险预警模式如图4-2-2所示。

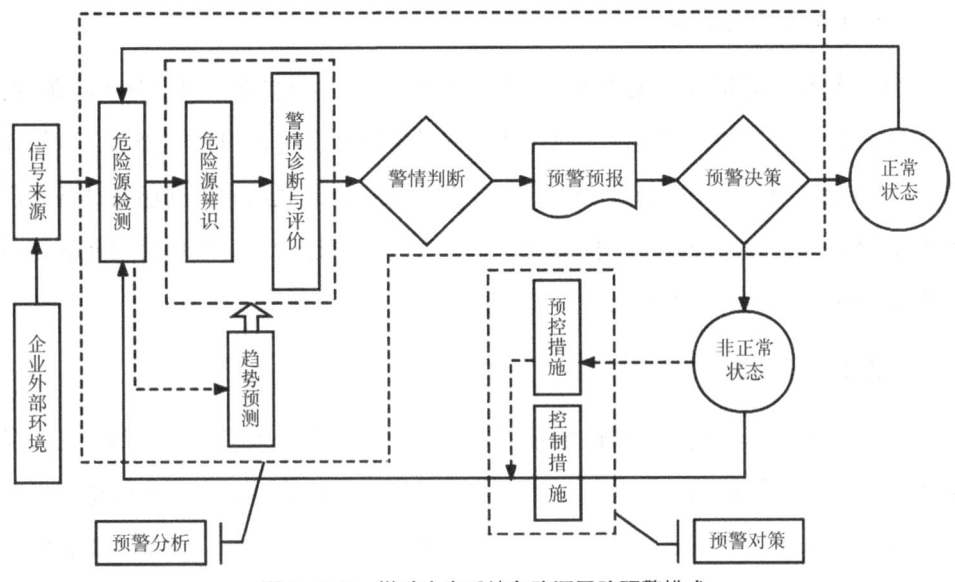

图 4-2-2　煤矿生产系统危险源风险预警模式

由分析可知，煤矿生产系统危险源风险预警包含预警分析和预警对策两个较大子系统。首先，从企业外部环境或各个子系统内采集信息，构建危险源风险预警指标体系，并适时跟踪监测煤矿系统中存在的各种潜在的危险源，取得危险源相关监测数据，并对其进行归纳、分类、储存与传送。其次，对危险源的风险监测信息要进行详细的分析，以便能够准确识别在煤矿生产系统中的危险源风险要素，从而能判断出可能会发生不安全警情的环节，并进行警情诊断、评价、成因分析、过程及趋势分析以及危害性严重程度分析等，再根据煤矿生产系统危险源风险严重程度采取恰当的危险源预防和控制措施。

四、煤矿生产系统危险源风险预警功能

煤矿生产系统危险源风险预警机制是通过分析揭示煤矿生产事故发生机理，进而制定适合煤矿生产系统一般环境的纠错防错策略，达到有效管理和控制煤矿生产系统危险源的目的。

为了有效实现煤矿生产系统危险源风险预警目标，除了依靠煤矿企业高效管理机制外，还需具备一定的危险源风险预警功能，包括常规预警功能、矫正功能以及免疫功能等。

(一)常规预警功能

常规预警功能是针对煤矿企业一般的生产活动进行监测、识别分析与预测，直至事故风险警报的正向功能，对可能出现的危险状况进行识别与警示，以保证生产活动始终处于一个相对安全的状态之中。同时，常规预警机制还要具备评价反馈、修正调整等反向功能，保障煤矿企业安全生产运营。常规预警功能的核心是建立完备的诊断识别子系统。

(二)矫正功能

矫正功能是基于危险源风险的预警信息，对煤矿生产系统中危险源信息，制订有针对性的调整策略，及时纠正不完整或错误的管理措施，确保在信息不确定的情况下，煤矿生产系统的危险源风险预警机制能够自我平衡。矫正功能的核心是建立和完善风险控制子系统。

(三)免疫功能

免疫功能是指在煤矿生产系统中，能快速识别出相似的危险源风险，从而能及时采取适当的风险防范措施，进而避免发生事故或降低损害程度。免疫功能的核心是预警系统的管理知识转化能力和水平。

煤矿生产系统危险源风险预警功能，是以危险源风险预警为导向，以纠正失误和发现潜在隐患为手段，以免疫风险为目的的防错纠错新机制。构建煤矿生产系统危险源风险预警体系，能够动态监测控制系统危险源，将煤矿安全生产由静态管理变为动态管理，化被动管理为主动管理，为煤矿企业安全生产提供必要的技术和管理保障。

五、煤矿生产系统危险源风险预警分析

(一)煤矿生产系统危险源风险预警等级的确定

人的不安全行为主要危险源与人的不安全行为数量、危害性程度等因素有关。物和设备的不安全状况是事故发生的重要原因，该状况的出现与物和设备的

缺陷有关。此外，不安全的生产环境是导致事故发生的另一个原因。不安全的生产环境中的危险源，如瓦斯、粉尘等，与其危害性大小有关。根据人员、设备、环境等方面因素进行分类，可将煤矿生产系统危险源风险预警方法分为下列三种类型。

1. 人的不安全行为风险预警

假设每位员工的安全行为的基础分值设定为100分。对员工的安全操作行为情况进行审查，发现不安全行为的扣分标准根据风险程度不同而有所区分，低风险的行为扣5分，一般风险的行为扣10分，中度风险的行为扣20分，重度风险的行为扣30分，对于特别重大风险的行为，每次扣除50分。表4-2-1展示了员工不安全操作行为所带来的危险源风险预警等级。

表4-2-1　员工不安全操作行为危险源风险预警表

单位	姓名	违章时间	不安全行为描述	风险等级	本次扣分	累计扣分	预警等级	处罚标准	检查人

根据上面的危险源风险预警等级划分表，规定人的不安全行为累计扣分在10~20分之间时为预轻警；累计扣分在30~50分之间时预低警；累计扣分在60~70分之间时预中警；累计扣分在80~90分之间时预重警；累计扣分超过100分的确定为预巨警。对存在巨警记录的员工，需要下岗接受安全生产技能培训等，培训合格后重新上岗。

2. 物和设备的不安全状态风险预警

如果初始预警级别与危险源识别的风险级别相同，就应该自动检查与该问题相关的所有警报记录，具体检查时长为该次检查的前15天。在连续15天内出现两次同一问题的预警时，该问题的预警等级会自动升高一级。若在规定的整改期限内未进行整改，则每过一天延迟整改，预警等级就会自动升高一个级别。表4-2-2为物和设备的不安全状态危险源风险预警确定。

表 4-2-2　物和设备危险源风险预警表

序号	不符合的内容	风险等级	预警等级	责任单位	责任人
1					
2					
3					

3. 不安全的生产环境风险预警

对于不安全的生产环境危险源风险预警，需要根据不同类型的危险源确定不同的风险预警等级。不安全的生产环境方面危险源风险预警的等级确定，如表4-2-3 所示。

表 4-2-3　环境危险源风险预警表

序号	危险源描述 / 预警标准	预警等级
1	工作面温度大于 30 ℃，机房硐室温度大于 34 ℃ 工作面温度大于 26 ℃，机房硐室温度大于 32 ℃ 工作面温度大于 26 ℃，机房硐室温度大于 30 ℃	重警 中警 无警
2	风速低于 0.25 m/s 风速低于 0.5 m/s 风速低于 1 m/s	巨警 重警 中警
3	报警点：$CO > 200$ ppm，$CH_4 \geqslant 1.5\%$ 报警点：$CO \geqslant 150$ ppm，$CH_4 \geqslant 1.0\%$ 报警点：$CO \geqslant 100$ ppm，$CH_4 \geqslant 0.8\%$	巨警 重警 中警
4	风机停机时间超过 60 min 风机停机时间超过 30 min 风机停机时间超过 10 min	巨警 重警 中警
5	主扇停机时间超过 10 min 或两台主扇同时停止	巨警

（二）煤矿生产系统危险源风险预警的传递方式

煤矿生产系统危险源风险预警主要是对生产作业过程中存在的各种潜在危险源进行动态监测、评价以及预警提示，以便采取恰当的管理控制措施。其中，煤矿生产系统危险源动态监测过程是动态循环螺旋上升的。其具体工作内容有如下几个方面。

1. 危险源动态监测与信息采集

实时监测、检查不同类型煤矿生产系统危险源，采集其所处不同状态的动态信息，同时，监测系统中是否产生新的危险源等。

2. 危险源动态信息传递

实时监测、采集的危险源动态信息需要通过恰当的渠道及时传输到对应的管理部门。煤矿生产系统中，有些是采用连续监测手段获取的危险源，如瓦斯含量、人员违章等情况；有些是采取不定期检测获取的危险源，如设备设施的配备、选型及安装等情况。针对系统危险源的不同特性，需要采取实时、定期以及不定期三种动态监测方式。

煤矿生产系统危险源风险预警系统发出警示时，通过恰当的渠道传输至管理部门，并及时采取相应的预防控制措施，防止危险源演化成事故。常用的危险源风险预警信息的传递方式有电话、手机短信息、预警报告三种。其中电话、手机短信息方式具有迅速及时、费用较低等特点，预警报告方式具备有据可查、内容具体等特点。因此，实际应用中，预警报告为首选方式，而电话、手机短信息等为辅选方式。

煤矿生产系统危险源风险预警信息通常来源于人为统计数据和自动监测数据，其次系统根据设定的预警条件判断当前的警情，达到相应的预警等级后，发布警示信息，及时通知相关部门和人员消除警情，最后将警情消除情况反馈给系统。此时，系统当前预警等级就降为开始情况，整个预警系统通过一个闭合回路来实现危险源的监测预警。

六、煤矿生产系统危险源风险预警指标体系

煤矿生产系统是复杂网络系统，具有与其他系统诸多不同的特点。煤矿生产系统具有许多潜在的危险因素，如瓦斯、煤尘、围岩、煤层自燃、水害等，这些危险因素都对煤矿生产系统的正常运行及其作业人员有着潜在的威胁，因此，要

想能够有效预防煤矿的生产事故,需要煤矿企业的生产管理部门具备能够事先预测事故发生概率的能力,同时还应具备评估危险源的风险等级与严重程度的能力,并根据煤矿生产事故发生的机理与规律,制定预防措施与应急决策。

在煤矿生产系统危险源风险预警中,其主要的研究对象是煤矿中的人－机－物－环境系统的安全问题。只有拥有科学合理的危险源风险预警指标体系,才能实现对煤矿安全生产的预警目的。构建煤矿生产系统危险源风险预警指标体系应考虑下列四个方面:预警指标体系构建原则、预警指标体系构建流程、预警指标体系构建内容以及预警指标体系要素处理。

(一)预警指标体系的构建原则

煤矿生产系统危险源在事故中具有不同的主导作用。在建立风险预警指标体系时,需要优先关注具有主导作用的风险预警指标,同时也必须考虑一些辅助指标的选择。通常,选取两个以上在不同方面发挥作用的风险预警因素。构建煤矿生产系统危险源风险预警指标体系时,应遵循下列七个基本原则。

1. 系统性原则

第一,目的性。危险源风险预警指标体系是通过监测评价指标的变化状态,达到实时动态预警煤矿安全生产状况。因此,在建立反映煤矿生产系统危险源风险预警指标体系时,应围绕这一目的,并不断进行优化和控制。

第二,整体性。危险源风险预警各指标要素之间、各指标要素与预警结果之间是一个有机结合整体,风险预警各指标、指标主要功能、各指标之间关系都要遵循风险预警评价的整体目标,这样指标体系才全面准确。

第三,层次结构性。风险预警指标需要符合一定层次结构,以真实反映预警指标的从属关系及其相互之间关系,使预警指标更好地反映煤矿生产系统危险源风险预警评价目标。

第四,相关性。对风险预警指标进行相关性分析,准确把握风险预警指标相关关系,实现科学评价煤矿生产系统危险源风险及预警目标。

2. 科学性原则

危险源风险预警指标体系构建要根据企业实际并建立在广泛调查基础上进

行，既要能客观反映影响煤矿安全生产的危险源风险因素及其之间的内在联系，又要能准确揭示煤矿安全生产状态及其发展趋势，即风险预警指标体系具有一定科学性。

3. 定性与定量相结合原则

危险源预警指标体系构建时，定量指标要尽量客观、全面，降低主观因素的干扰度；由于煤矿生产环境影响因素非常复杂，有时难以直接用数字表述煤矿生产系统危险源风险等级，特别是当无法准确掌握煤矿生产评价数据资料时，定性指标就显得更加重要，它能够预测煤矿重大事故孕育阶段的某种发展趋势。因此，在构建煤矿生产系统危险源风险预警指标时，必须同时兼顾定性与定量这两类指标。

4. 准确性原则

在建立煤矿生产系统危险源风险预警指标体系时，预警指标体系的特征量应尽可能与煤矿生产系统危险所反映的实际状况保持一致。

5. 全面性原则

危险源风险预警指标体系构建时，要力求全面和具体，即要统筹考虑风险警情指标、警兆和滞后指标、静态指标与动态指标、单一指标与综合指标等。

6. 可行性原则

危险源风险预警指标体系构建时，应力求方便收集数据和资料以及简化风险预警程序，避免预警指标体系过度复杂。可行性较强的指标体系能够实施预警方案并在实践中加以检验与完善。

7. 敏感性原则

建立危险源风险预警指标体系时，应能敏感地反映企业当前生产的危险源风险状况，并能及时呈现企业生产系统的一些意外情况。

（二）预警指标体系的构建流程

危险源风险预警的结论受到其指标体系的重要影响，因此，指标体系的建立质量决定了预警结果的科学性和准确性，并进一步影响风险预警系统的应用效果。随着煤矿资源的不断开采以及采掘技术的不断发展，煤矿安全生产所面临的危险因素变得越来越复杂。此外，新的未知危险因素也相继出现，对煤矿安全生产产生影响。因而，煤矿生产系统危险源风险预警指标体系的构成要素也不是固定的，需要随着矿井生产环境的不断变化来进行及时修正。除此之外，建立、使用和改进风险警示模型以达到预期效果，也需要长期探索和优化。根据上述分析，构建预警指标体系时要充分考虑指标要素是否具备较强的灵活性以及较强的环境适应能力。煤矿生产系统危险源风险预警指标体系构建的具体流程如图4-2-3所示。

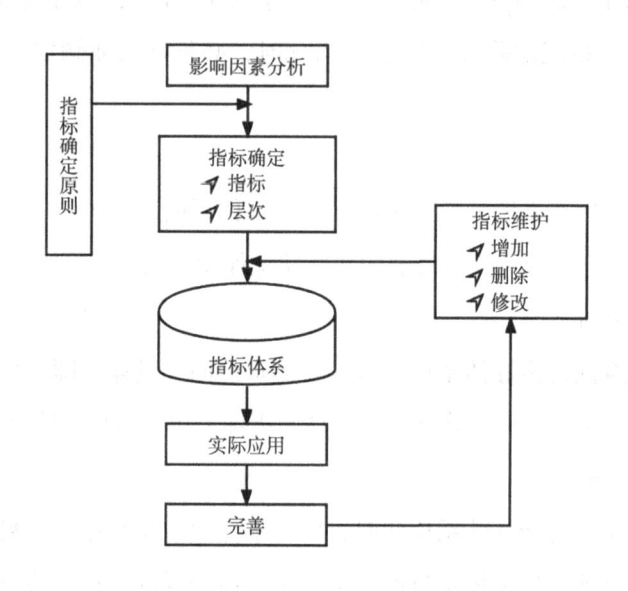

图4-2-3 危险源风险预警指标构建流程

（三）预警指标体系的构建

预警指标体系的构建是煤矿生产系统危险源风险预警工作中的重要环节之一。预警指标体系构建的质量好坏，关系到风险预警系统运行能否实现可靠性。同时，预警指标要素的数量也影响风险预警精度。

根据煤矿生产系统、风险管理、风险预警等理论分析，结合目前对煤矿企业安全生产的实际状况，可知煤矿生产系统危险源主要包括自然因素、人员因素、设备因素、环境因素以及管理因素等五大类。下面主要围绕人的行为、物与工作环境、安全管理与组织等三个方面分析煤矿生产系统危险源风险预警指标体系。

1. 人的行为

人的行为主要包括人员违章作业、违章指挥以及作业技术未达标三方面。违章作业，主要指煤矿现场作业人员的不安全行为，用违章作业率来表示，违章作业是导致煤矿事故发生的一个重要原因。违章指挥，指煤矿企业生产管理人员的不安全行为，管理人员的违规或不当指挥是导致煤矿生产系统危险源风险加剧的又一重要因素。作业技术未达标，指由于作业人员的技术水平或学习能力不强而在实际作业过程中力不从心，造成人的行为反应失误等。

2. 物与工作环境

物的因素主要包括各类设备设施的运行状态等。采掘机械设备是煤矿生产系统的重要组成部分，根据煤矿采掘设备的不同，可以从七个方面概括采掘设备的不安全因素，即设备的保养维修频率、故障频率\更新频率、带病作业率、机械化程度、通信与瓦斯抽放设备合格比率以及设备防护。工作环境因素主要包括地质状况、通风因素、灾害因素、工作环境等方面。

3. 安全管理与组织

经过对许多煤矿安全生产重大事故的调查和分析，发现安全管理和组织不善也是导致煤矿生产重大事故的重要原因。煤矿生产系统中的各影响因素之间的协调作用，需要通过安全管理与组织来完成，目的是避免或减少失控因素的影响，防止内部关系失衡。煤矿安全管理与组织方面的危险源风险监测预警主要从质量标准和专业安全管理人员配置等方面来衡量。

（四）预警指标体系要素处理

根据煤矿生产系统危险源风险预警指标体系构建的基本原则，结合当前煤矿企业安全生产危险源风险的实际状况分析，构建煤矿生产系统危险源风险预警指标体系，主要从人的行为、物与工作环境、安全管理与组织三个方面全面考虑。具体的风险预警指标体系内容如表4-2-4所示。

表 4-2-4 煤矿生产系统危险源风险预警指标体系

		子指标	说明
第 1 类危险源 X		平均瓦斯涌出量 X_{11}	单位时间内各个工作面的平均绝对瓦斯涌出量（m^3/min）
		瓦斯含量 X_{12}	某掘进面的瓦斯浓度（%）
		平均断层落差 X_{13}	（m）
		顶板状况 X_{14}	顶板稳定性评估（分）
		煤层自然发火期 X_{15}	（月）
		煤层倾角 X_{16}	所开采煤层的倾角（°）
		风速 X_{17}	（m/s）
		温度 X_{18}	（℃）
		单位长度断层数 X_{19}	每百米间距的平均断层数
		子指标	说明
第 2 类危险源 Y	机械设备可靠性 Y_1	机械设备保养维修合格率 Y_{11}	保养维修合格机械设备数/总机械设备数（%）
		设备故障率 Y_{12}	（%）
		设备带病作业率 Y_{13}	（%）
		机械化程度 Y_{14}	（分）
		通信设备完好率 Y_{15}	（分）
		瓦斯抽放设备完好率 Y_{16}	（分）
	作业环境 Y_2	掘进面平均风速 Y_{21}	（m/s）
		温度控制合格率 Y_{22}	井下温度是否控制在人可接受范围（分）
		煤尘污染控制合格率 Y_{23}	（分）
		噪声污染控制合格率 Y_{24}	（分）
		安全标志配备合格率 Y_{25}	是否在恰当位置配备安全标志（分）
		照明达标率 Y_{26}	井下照明情况（分）
		监控装置覆盖率 Y_{27}	监控装置的设置情况（分）
		作业环境空间合理性 Y_{28}	（分）
	通风系统可靠性 Y_3	风量供需比 Y_{31}	供风量/所需风量
		矿井等积孔面积 Y_{32}	（m^2）
		风机运转稳定性 Y_{33}	（分）
		主扇完好率 Y_{34}	（分）
		掘进面风量合格率 Y_{35}	掘进面风量是否充分（分）
		通风系统防灾能力 Y_{36}	防灾设备和防风系统灵活性（分）
		风筒漏风率 Y_{37}	
	防护设备 Y_4	安全防护设备完好率 Y_{41}	完好防护设备数/总防护设备数（分）
		通防设施完好率 Y_{42}	（分）

续表

		子指标	说明
第3类危险源 Z	安全管理与组织因素 Z_1	安全管理组织机构设置合理性 Z_{11}	安全管理机构设置合理情况（分）
		安全投入兑现率 Z_{12}	安全投入兑现情况（分）
		安全教育/培训强度 Z_{13}	安全管理机构对工人安全培训频率（分）
		安全责任制执行率 Z_{14}	安全责任制被严格执行情况（分）
		安全文化建设合理性 Z_{15}	（分）
		安全管理人员责任感 Z_{16}	（分）
		专业安全管理人员占比 Z_{17}	（%）
		管理人员受教育年限 Z_{18}	专业技术人员所占有情况（%）
		管理人员平均工龄 Z_{19}	管理人员平均工作时间（年）
		组织协调氛围 Z_{110}	组织中人员团队合作氛围（分）
		考核监督机制完善程度 Z_{112}	组织内部考核监督机制完善程度（分）
		组织应急能力 Z_{113}	应急资源、预案、演练（分）
		领导者胜任素质 Z_{114}	（分）
		合同工所占比例 Z_{115}	（%）
	个体因素 Z_2	工人平均受教育程度 Z_{21}	工人平均受教育时间（年）
		工人平均工龄 Z_{22}	工人平均工作时间（年）
		工人平均年龄 Z_{23}	（年）
		工人平均受教育时间 Z_{24}	每年平均受培训总学时（学时）
		"三违"发生频率 Z_{25}	违章指挥、操作、纪律发生频率（分）
		工人技术水平达标率 Z_{26}	工人技术水平达标程度（分）
		工人对组织的认同感 Z_{27}	工人对组织认同、信任程度情况（分）
	外部监察 Z_3	违规违章惩罚到位率 Z_{31}	对违章行为处罚执行程度（分）
		监察频率 Z_{32}	监督机构到基层检查频率（分）
		监管有效性 Z_{33}	监管机构检查是否能发现存在的问题（分）
	安全管理制度 Z_4	安全管理制度完善程度 Z_{41}	安全管理制度是否健全有效（分）
		制度规程标准化程度 Z_{42}	制度规程制定是否标准化要求进行（分）

第三节　煤矿生产危险源风险预警系统的建立

一、煤矿生产系统危险源风险预警系统的建立目的

建立煤矿生产系统危险源风险预警系统最重要的目的是规避煤矿生产系统危险源风险以及减少人员财产损失等。煤矿企业在生产过程中，面临受到众多不确定性环境因素的影响。为了预防煤矿生产系统危险源风险或控制煤矿生产系统危险源风险大小，为企业管理决策提供防错纠错的理论指导和应急、处置策略需要寻找有效的解决方案。因此，该危险源预警系统是以风险预警为主要职能、以纠正组织管理和决策失误为手段、以消除或降低风险为目的的一种预警机制。

二、煤矿生产系统危险源风险预警系统的建立原则及要求

煤矿企业在生产作业过程中，为了防止作业面危险源最后演化为事故，需要构建煤矿生产系统危险源风险预警系统，全面分析可能导致事故发生的影响因素及其相互之间作用关系，找出其发展变化趋势并判断煤矿生产系统危险源风险等级及事故发生可能性。当危险源风险接近预警临界值时，及时发出预警提示，以便企业相关人员采取必要的预防控制措施，防止煤矿事故发生。

（一）煤矿生产系统危险源风险预警系统的建立原则

建立煤矿生产系统危险源风险预警系统必须遵循一定的原则。第一，必须明确煤矿企业各部门的管理流程，相关责任人的职责，以及控制标准和工作标准。此外，还需要确定控制措施的实施时间。第二，须遵循国家、行业的标准和规范，设立适应煤矿生产企业特点、风险性质以及生产经营方式的危险源风险预警系统，综合考虑技术和管理等多方面因素，从而制定风险预警方案。第三，企业必须在发布相关内容之前，将内容以文件形式公开，并且需要经过管理层的审核和批准。第四，危险源风险预警系统应建立在准确、客观的统计数据资料基础上，若系统内缺少这些准确的统计数据资料，风险预警也会变得毫无价值。

(二）煤矿生产系统危险源风险预警系统的建立要求

随着科学技术的不断发展，煤矿企业采用先进的技术手段降低、控制危险源风险，从而取得良好的控制效果，但是并非所有风险都能降低到可控范围内。在实施技术控制措施过程中，由于企业组织不尽合理、资源供应不到位、员工对措施理解不同等方面的限制，所采取的技术控制手段很可能无法达到预期目标。因此，为了提高煤矿安全生产管理水平，降低事故风险，需要系统地完善、结合系统内的计划、协调资源分配、指导、报告、监督控制等相关的各个环节。具体来说，构建煤矿生产系统危险源风险预警系统需要遵循下列五个要求。

1. 预知性

危险源风险预警系统通过对数据的处理分析、知识挖掘、预测等过程，发现已经存在的和潜在的各种危险，并发出警示，防止危险源风险增加从而引发事故。

2. 及时性

危险源风险预警系统应该能够快速处理危险源数据并做出预警提示，避免因错失良机而导致事故发生。

3. 准确性

危险源风险预警系统应该能够揭示系统运行规律，避免由于材料或方法错误而判断错误。

4. 完备性

危险源风险预警系统应能全面采集矿井各类安全生产相关信息，并能多角度、多层面分析煤矿生产系统危险源风险的发展趋势等。

5. 连贯性

为了确保危险源风险预警系统分析的连贯、准确、可靠，应以系统前期的数据和分析结果为基础，相互衔接，从而真正实现煤矿生产系统危险源风险预警系统的价值。

三、煤矿生产系统危险源风险预警系统的运行

煤矿生产系统危险源风险预警系统，是以人工统计和自动监测的危险源数据

为驱动，集成采掘工程子系统、矿井通风子系统、瓦斯地质图子系统以及水文地质图子系统等建立的集危险源风险辨识、评价分级、预测预警等为一体的监控预警模型。系统主要目标是通过数字化的监控手段对企业生产过程管理和控制，防止煤矿生产事故发生。煤矿生产系统危险源风险预警系统的基本原理是基于预警指标体系与专业应用模型库，利用空间数据分析法辨识评价煤矿生产各类危险源，并将预测结果存储于分类知识库中。同时，将预警结果实时通报给相应管理部门，及时进行消警处理，防止危险源风险程度增加。煤矿生产系统危险源风险预警系统主要由数据采集、系统集成、模型选择、危险源预警以及预警管理和控制五大部分组成，该危险源风险预警运行流程图如图4-3-1所示。

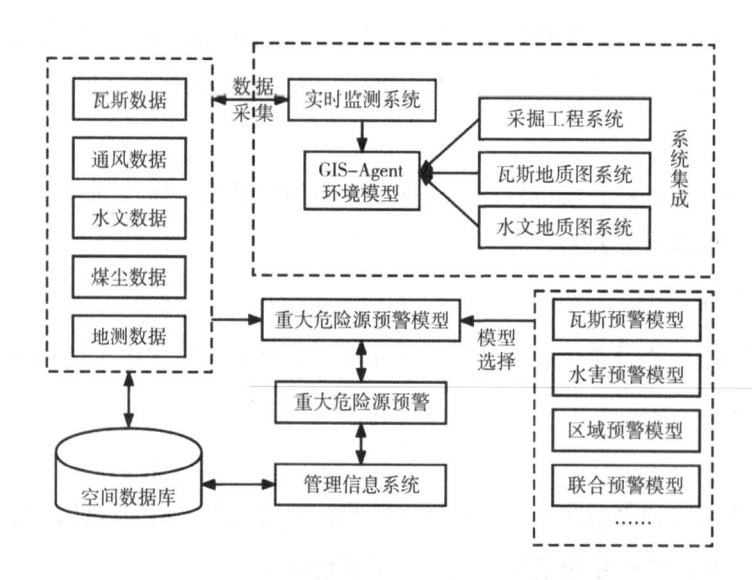

图4-3-1 煤矿生产系统危险源风险预警系统

在煤矿生产系统危险源风险预警系统中，数据采集有些来源于相应的数据Agent，如瓦斯地质数据、水文地质数据等；有些来源于空间数据库，如通风数据、煤尘数据、地测数据等。Agent具有自治特性，因此数据Agent能够实时更新数据，为重大危险源的及时预警提供数据支持。模型选择是预警系统通过综合考虑矿井的具体情况和预警指标，从模型库中选用适宜的模型进行调用。系统集成的目的是将矿井采掘工程图、通风系统图、瓦斯地质图、水文地质图等各种静态数据和动态数据进行整合，从而实现更加高效的数据融合。接着利用调取的预警模型，处理分析数据，辨识评价危险源风险等级；最后将预警值实时添加到管理信息系统，并报送相关管理部门，以便及时采取相应的消警措施，从而实现煤矿重大危险源的有效管理和控制。

四、煤矿生产系统危险源风险预警管理体系

煤矿生产系统危险源风险预警管理体系主要包含风险预警信息子系统、风险预警指标子系统、风险预警准则以及风险预控对策子系统等四个部分。

（一）风险预警信息子系统

煤矿生产系统危险源风险预警信息子系统是进行风险预警的首要前提和依据，风险预警信息是基础信息向危险征兆信息转换的结果，主要包括企业历史统计数据、即时数据信息、实际信息以及判断信息等。此外，风险预警信息还包括某些相关的煤矿企业安全生产统计信息等。

完整的风险预警信息子系统首先需要依靠广泛的信息网支持，信息网主要用于搜集、统计、分析以及传输煤矿生产各种相关信息。其次，风险预警信息子系统包含两个重要的功能，即信息处理分析模块和信息推断功能模块。其中，信息处理分析模块针对信息网传输的各种信息进行储存、辨别等。信息推断模块主要是针对不完整的缺失信息推测危险征兆信息等。

（二）风险预警指标子系统

根据指标要素的不同特性，危险源风险预警指标可以划分为隐性指标和显性指标两大类。其中，隐性指标主要用于对潜在因素或征兆信息进行定量化分析；显性指标则主要用于显性因素或现状信息的定量化。针对不同类型的煤矿企业生产系统，构建煤矿生产系统危险源风险预警指标体系的要素也有所不同，但关键的是在选择指标时关注重点指标、敏感指标，这样构建的危险源风险预警指标体系能真正体现煤矿生产系统危险源的实际状况。

（三）风险预警准则

危险源风险预警准则，是指预警系统在某一特定环境下，决定是否发出警示

信息以及何种预警等级的判别标准或准则。制定预警准则需要满足一定尺度，预警准则尺度过松，可能会出现漏警现象，相反，预警准则尺度过紧，可能会出现误警现象，漏警或误警都会使组织或员工对预警系统运行可靠性产生怀疑，从而可能引发煤矿生产事故，造成人员伤亡和经济损失。

（四）风险预控对策子系统

危险源风险预控对策子系统，对煤矿生产系统危险管理和控制的有效实施具有较强的支撑作用。首先，信息网收集与企业生产相关的信息，并将其传输到风险预警信息子系统内，经过一系列存储、处理、辨别和推理过程后，风险预测子系统调用恰当方法预测危险源风险状况，根据预警准则，决定是否警示以及采用何种预警等级等。其次，结合预警等级调用预控对策子系统中的应急预案和控制措施。最后，发出警示信息以及预控对策信息等。当组织和人员接到警示信息，要迅速判断危险源风险产生根源，尽快落实执行预控对策系统中的应急决策方案和控制措施。

在危险源风险预警系统运行过程中，要及时更新危险源风险预警信息库，同时要删除一些陈旧的、不精确的甚至错误的信息；要定期检查风险预警子系统、预警准则以及预控对策子系统，对存在的问题及时修正完善；深入分析系统误警或漏警的主要原因，以便在下一次决策时作出更加准确的判断。若危险源风险预警系统运行中频繁出现误警或漏警等信息，则该危险源风险预警系统可能存在方法上的缺陷，应当及时予以改进完善。

第五章　煤矿安全生产的风险分级管控

煤矿安全生产的风险分级管控对预防事故、提高工作效率、优化管理策略等方面具有重要意义，有助于保障矿工的人身安全和煤矿的正常运营。本章的论述核心是煤矿安全生产的风险分级管控，分别介绍了安全风险分级管控的工作机制、安全风险的管控、安全风险管控的保障措施。

第一节　安全风险分级管控的工作机制

一、工作要求、评分标准和理解要点

（一）工作要求

建立矿长为第一责任人的安全风险分级管控体系，明确负责安全风险管控工作的管理部门。

（二）评价标准

工作机制建设基本要求和评分方法如表 5-5-1 所示。

表 5-1-1 工作机制建设基本要求和评分方法

项目	项目内容	基本要求	标准分值	评分方法
工作机制（10分）	职责分工	1.建立安全风险分级管控工作责任体系，矿长全面负责，分管负责人负责分管范围内的安全风险分级管控工作	4	查资料和现场。未建立责任体系不得分，随机抽查矿领导1人，不清楚职责扣1分
		2.有负责安全风险分级管控工作的管理部门	2	查资料。未明确管理部门不得分
	制度建设	建立安全风险分级管控工作制度，明确安全风险的辨识范围、方法和安全风险识别的辨识、评估、管控工作流程	4	查资料。未建立制度不得分，辨识范围、方法或工作流程1处不明确扣2分

（三）理解要点

根据煤矿安全领域从业人员特别是一线从业人员对安全风险内涵的接受程度，强调逐步分阶段构建安全风险分级管控工作体系，现阶段重在煤矿领导层面落实安全风险管控工作，不增加井下一线工人工作量，率先在煤矿领导班子里树立起安全风险意识，确保领导有职责、管理有机构、工作有制度。

1. 对责任分工的要求

评分标准仅仅对矿长、书记、总工程师、副书记、副矿长、副总工程师等煤矿的领导层的责任分工提出了要求。由于评分标准中没有对文本要求作出具体规定，因此可将其单独建立责任文件，也可以将其纳入安全风险分级管控制度或安全生产责任制来规定与完善。总的来说，还是应该将所有工作责任落实在煤矿管理层中，如安全风险辨识评估、安全风险管控、保障措施等。

2. 对业务管理部门的要求

评分标准要求成立专门的部门，煤矿可根据职责分工，指定部门负责安全风险分级管控工作，并在相关制度或文件中明确。

3. 对安全风险分级管控工作制度的要求

煤矿可依据自身情况建立一种或多种制度。辨识范围是在煤矿范围内需要进行风险评估的区域、系统和工作。虽然评估标准未明确规定辖区范围，但通常情况下应包括煤矿所在的全部管辖区域、所有生产与运营系统，以及所有工作任务。由于评估标准没有明确规定风险辨识的具体方法和工作流程，因此，煤矿可以根据自己的实际情况自行选择适合自己的辨识和评估方式，并制订相应的工作流程。

二、组织机构和职责分配

（一）组织机构及职责

为了有效推进煤矿安全风险管控工作，按照《煤矿安全生产标准化管理体系基本要求及评分方法》的要求，煤矿需要建立安全风险分级管控工作责任体系和管理部门。因此，煤矿可以在现有组织机构框架下，组建安全风险分级管控体系建设工作领导小组，并下设体系建设办公室。

领导小组一般由组长、副组长和成员组成。组长由煤矿矿长（经理）担任；常务副组长由安全副矿长（副经理）担任；副组长由总工程师、党委副书记、生产副矿长（副经理）、机电副矿长（副经理）、通风副矿长（副经理）、工会主席等人员担任；成员一般由职能部门负责人、区队长、员工安全代表等人员组成。

体系建设领导小组成员及主要职责如下。

1. 矿长（经理）

矿长（经理）是安全风险分级管控体系建设的第一责任人，全面负责安全风险管控体系建立、运行和持续改进。具体负责：组织煤矿年度安全风险辨识；组织在本矿发生死亡事故或涉险事故、出现重大事故隐患或省内煤矿发生重特大事故后的专项辨识；组织重大安全风险管控措施的制定和实施工作；组织每月重大安全风险管控措施落实情况检查、管控效果分析和管控措施完善等工作。

2. 安全副矿长（副经理）

安全副矿（副经理）协助矿长（经理）开展安全风险分级管控工作。具体负责：监督各专业开展安全风险分级管控工作、重大安全风险管控措施落实情况、风险分级管控工作公示公告情况以及带班盯岗跟踪重大安全风险管控措施落实情况等工作。

3. 总工程师

总工程师主要负责对新水平、新盘区、新工作进行专项辨识评估工作；在本矿发生事故之后，总工程师需要参加事故的专项辨识工作，如发生的死亡事故、涉险事故、出现重大事故隐患，或者是省内煤矿发生重特大事故后。除此之外，总工程师还要参加煤矿发生重大变化而开展的专项评估工作，如生产系统、生产工艺、主要设施设备、重大灾害因素等的变化；参加煤矿年度安全风险辨识工作；参加启动火区、排放瓦斯、突出矿井过构造带及石门揭煤等高危作业实施前，新技术、新材料试验或推广应用前，连续停产 1 个月以上的煤矿复工复产前开展的专项评估；参加重大安全风险管控措施的制定和实施工作等。

4. 其他副矿长（经理）

其他副矿长（经理）根据分管专业和业务，负责组织相关业务部门，开展下列工作中所应承担的工作。这些工作包括生产系统、生产工艺、主要设施设备、重大灾害因素等发生重大变化开展的专项评估工作；参加启动火区、排放瓦斯、突出矿井过构造带及石门揭煤等高危作业实施前，新技术、新材料试验或推广应用前，连续停产 1 个月以上的煤矿复工复产前开展的专项评估；重大安全风险管控措施的制定和实施工作；每旬对分管范围内月度安全风险管控重点措施实施情况的检查、分析和完善；带班盯岗跟踪重大安全风险管控措施落实情况等；参加矿长和总工程师负责组织的相关工作。

5. 党委副书记

党委副书记负责安全风险分级管控工作的组织保障工作，参与相关业务工作和带班盯岗跟踪重大安全风险管控措施落实情况等。

6. 工会主席

工会主席负责安全风险分级管控工作的宣传教育，督导相关单位及时公示重大安全风险内容和管控措施等相关工作。

体系建设办公室的职责如下。

（1）制定"安全风险分级管控"工作制度，拟定具体实施方案，确定安全风险分级管控工作流程，明确层级责任和考核奖惩办法。

（2）结合煤矿实际，选择安全风险辨识、评估的程序和方法，组织相关理论、方法和技术等的培训工作。

（3）指导、督促各部门、区（队）开展安全风险辨识、评估、分级以及风险管控措施的制定工作。

（4）组织编写重大风险清单和年度安全风险辨识评估报告，组织制定重大风险管控措施。

（5）组织对煤矿安全风险分级管控工作实施情况的检查和考核工作，组织撰写检查报告，提出持续改进方案。

（6）承办上级部门和煤矿安全风险分级管控体系建设领导小组交办的其他相关工作。

（二）部门职责划分

为了保证煤矿安全风险分级管控过程职责清楚、任务明确，需要按照过程方法，对整个管控流程进行梳理，确定过程步骤、每个步骤的执行单位和执行准则以及执行后应保留的记录等。

为了避免机构、部门重复和职能交叉，在进行职能分配时，一般应遵循下述原则。

1. 合理分工

在对职能部门职责划分时，需要明确管控过程每个步骤的具体工作到底由哪个职能部门负责，哪个部门配合，哪个领导分管。要保障要素的运行职责和部门的职能相对应，切实做到分工合理。

2. 加强协作

风险控制过程不是孤立的，而是相互联系、相互制约、相辅相成的。因此，控制措施的落实需要多个相关部门互相配合。这些部门既有具体措施的实施部门，又有其运行的监督部门；既有具体措施的主管部门，又有配合实施的相关部门。任何风险控制措施的落实都需要有实施、控制及监督等环节。这需要在合理分工的基础上，建立部门间的合作机制。

3. 明确定位

对确定了责任的主管部门和相关部门，需要进一步将责任落实到具体岗位，让执行的员工清楚自己在风险控制过程中的任务。

4. 赋予权限

通过建立责任制度，明确风险分级管控体系中相关部门和岗位的职责。

在职责划分时，应与《煤矿安全生产标准化管理体系基本要求及评分方法》的要求相结合。一般而言，煤矿部门职能的分配要覆盖所有要求。

煤矿可根据本单位的实际情况，制定更详细的责任体系，并以文件或制度的形式下发执行。

三、制度建设

煤矿安全风险分级管控体系的建立、运行和持续改进需要科学的工作程序和完善的管理制度作保障。

程序规定相应过程控制的目的、范围、职责、内容、方法和步骤，以保证各个过程功能的实现。

管理制度规定相关业务内容、职责范围、工作程序、工作方法和必须达到的工作质量、考核奖惩办法等。

在煤矿安全风险分级管控体系建设中，煤矿需根据项目内容和具体要求，编制相应的程序文件和管理制度，同时在具体工作中制定技术标准、操作标准、各类台账、检查表和相关记录等。

在煤矿安全风险分级管控体系建设的初期，为了尽快开展相关工作，煤矿可根据自身实际制定安全风险分级管控制度，该制度涵盖体系建设的基本要求。随着安全风险分级管控工作的开展，在取得一定实践经验和深化对相关要求理解基础上，可以根据管理需要，选择制定相关程序文件、管理制度以及支持性文件（表5-1-2）。

表 5-1-2 安全风险分级管控典型程序和制度清单

项目	程序	制度	基本标准或记录
一、工作机制	1.安全风险分级管控工作程序 2.文件控制程序 3.记录控制程序	1.安全责任制度 2.部门职责分配制度 3.体系建设关键角色选择和任命办法 4.文件、记录编写和管理办法	1.会议记录 2.会议纪要
二、安全风险辨识评估	1.风险辨识评估管理程序 2.重大风险管控措施制订程序	1.安全风险年度和专项辨识评估管理办法 2.年度安全风险辨识评估报告编写办法	1.风险辨识、调查表 2.风险评估表 3.工作活动、设备、矿井系统、工作区域调查表

续表

项目	程序	制度	基本标准或记录
三、安全风险管控	安全风险监测、监控和控制程序	1. 重大安全风险管控措施编制和实施办法 2. 安全风险监测和检查制度	1. 安全风险等级划分标准 2. 重大安全风险管控措施落实情况检查记录 3. 重大安全风险专题会议纪要 4. 风险监测、预警记录
四、保障措施	1. 安全管理信息系统实施运行程序 2. 员工培训控制程序	1. 安全风险分级管控信息化管理实施办法 2. 员工教育与培训管理办法	1. 信息系统维护记录 2. 各类报表 3. 员工培训计划

四、安全风险分级管控基本流程

风险辨识、评估及风险管控措施的制定和实施是安全风险分级管控的主要工作内容。通过风险识别确定管控对象；通过风险评估确定管控重点，通过管控策略和措施的制定，确定如何做和如何管理。为了保证风险辨识和评估的全面性、系统性、有效性以及风险控制措施的科学性，制定合理的工作流程、选择适合的辨识和评估方法至关重要。

通常煤矿安全风险分级管控工作过程可以按照准备、风险辨识、风险评估、重大风险分析和管控重点确定、风险控制方案与计划制定、监测检查和改进等步骤进行（图5-1-1）。

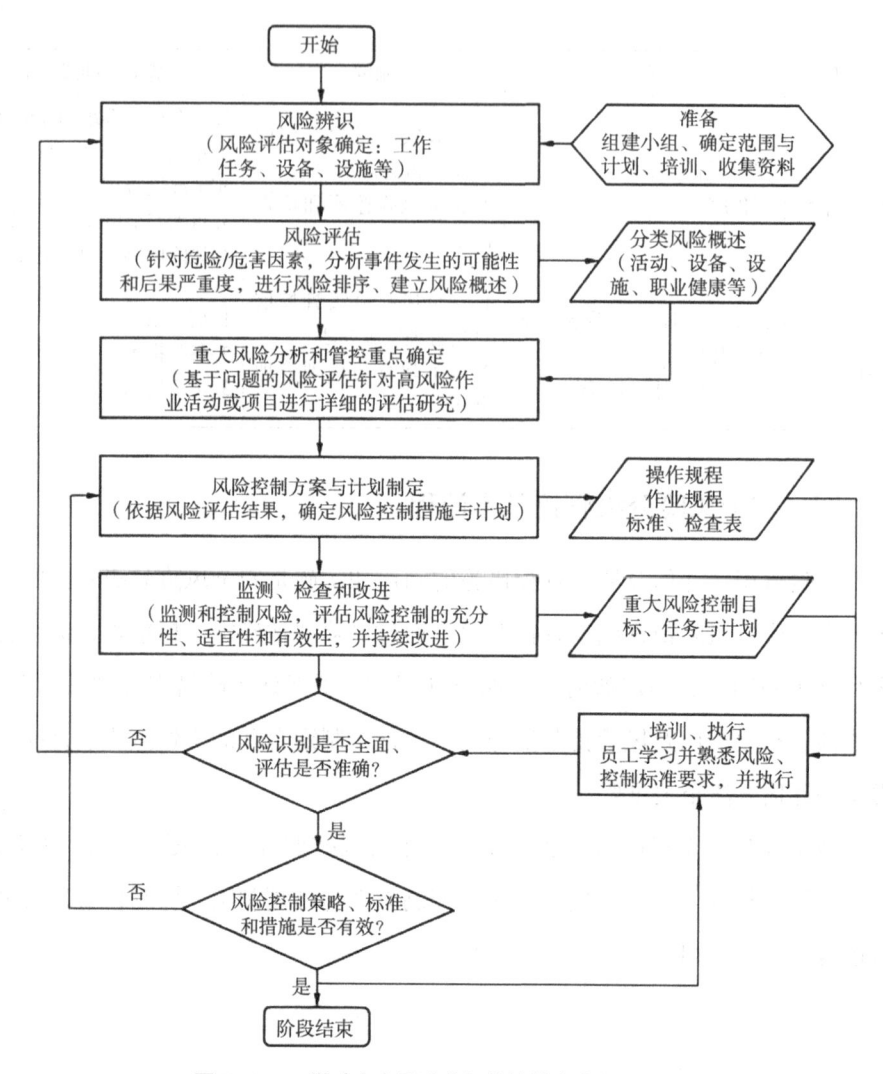

图 5-1-1 煤矿安全风险分级管控基本流程图

准备阶段：具体包括安全风险辨识和评估工作组组建、范围确定、计划制定、方法选择、技术和方法培训以及相关资料收集等工作。

风险辨识：具体包括辨识单元划分、危险/危害事件识别、危险/危害事件原因分析等工作。

风险评估：针对辨识出的危险有害因素，利用选定的评估方法，分析其可能导致事件/事故发生的可能性和后果严重程度，并进行风险排序。

重大风险分析和管控重点确定：对通过风险评估所确定的具有高风险的重点区域、活动及其他项目进行详细的评估研究，分析具体区域、项目的风险，确定管控的重点。

风险控制方案与计划制定：针对确定的重大风险，根据国家的法律法规、作业规程、操作规程等，有针对性地制定风险控制措施和计划。措施包括技术措施、工作措施和管理措施，措施确保能够消除、降低或转移风险，最终实现对风险的有效控制。

监测、检查和改进：采用定期检查和日常检查相结合的方式，对风险管控措施，特别是重大风险的管控措施的实施情况进行检查，及时发现问题，完善管控措施。除了现场检查外，煤矿可充分利用各类监测、监控系统实现对风险的全方位、实时监测、监控，发现问题时能够及时报警，切实保证所有风险均在可控范围内。

五、安全风险辨识和评估方法

（一）安全风险辨识方法

1. 经验对照分析方法

经验对照分析法是一种利用标准、法规、检测表及分析人员的知识、经验和判断力等资源，快速、准确地评估对象的危险性和危害性的方法。经验对照分析适用于有以往经验借鉴的情况，这是一种依据经验实现分析的方法。这一方法通常有以下几种形式。

1）工作任务分析

工作任务分析是通过事先或者定期评估某项工作任务的风险程度，并制定相应的控制措施来降低这些风险的一种方法。该方法旨在最大限度地消除或控制潜在的风险，同时保证工作任务的顺利执行。这种方法是通过分析工作过程的细节，识别可能存在风险的步骤，并提出相应的管理和控制方法来对风险进行预防和控制。该方法致力于系统地评估潜在的风险，并采取相应的措施来控制和管理风险。下面是进行工作任务分析的一些步骤。

第一步：工作任务的选择。

第二步：将工作任务分解为具体工作步骤。

第三步：识别每个步骤中的危险有害因素及其风险。

第四步：确定风险控制和预防措施。

第五步：编制书面安全工作程序（written safe work procedures，WSWP）。

对于一个具体煤矿，可以按照某种原则将其所涉及的工作活动划分为具体的工作任务对象，围绕具体工作任务对象识别风险。煤矿可以以区队、班组为单位进行工作任务分析。

2）类比分析

利用相同或相似系统、作业条件的实践经验和安全生产事故的统计资料来类推、分析评价对象的危险因素。一般多用于作业条件危险因素的识别过程。

3）查阅相关记录

查阅煤矿过去与职业安全、健康安全相关的记录，可获得煤矿的一些危险有害因素信息，特别是煤矿的事件、事故等有关记录会直接反映煤矿的主要危险有害因素信息。

4）询问、交谈

主要是对某项工作相关的技术人员进行询问与交谈，同时还需要询问与这项工作相关操作与管理。通过询问与交谈可以得出与工作活动有关的危险和危害因素的信息。需要注意的是，在采用这一方式时，应该针对不同人员采取不同的询问方式，以便能够提出更有针对性的问题。

5）现场观察

要想快速获得工作场所的危险因素的信息，现场观察是最重要的方法。现场观察需要具备相关安全知识和经验的人员来完成。现场观察人员通过将观察到的信息，与自身掌握的知识与经验相结合，从而识别工作场所中的危险因素。

6）测试分析

测试分析是一种能够确认物品中存在危险因素的有效方法，特别是那些在实际情况中存在危险因素的情况。例如，通过测试来检验保护接地电阻的安全值，可以确定该电阻是否达到了要求，从而避免间接触电带来的伤害。

7）头脑风暴

头脑风暴是一种创新思维方式，是个人或集体通过识别危险和有害因素，并结合相关经验来产生灵感的方法。为了识别潜在的危害因素，煤矿通常采用头脑风暴的方法，组建一个或多个由内部相关经验丰富人员组成的工作小组，必要时也会请外部专家参与。工作小组根据煤矿各项工作活动或场所进行思维分析，识别出具有危险和有害的影响因素，并对这些内容进行不断的修改、补充和完善。

8）安全检查表分析（safety check list，SCL）

安全检查表是安全检查最有效的工具之一，它是为检查某些系统的安全状况而事先制定的问题清单。在使用安全检查表进行风险辨识和风险分析时，首先要运用安全系统工程方法，对系统进行全面分析，在此基础上，将系统分成若干单元或层次，列出所有的危险有害因素，确定检查项目，然后编成表，并按此表进行检查，以发现系统、设备、机器装置、操作管理、工艺和组织措施中的各种不安全因素。检查表中的回答一般都是"是/否"。

对于安全检查表的格式，没有统一的规定。安全检查表的设计应做到系统、全面，检查项目应具体、明确。一般而言，安全检查表的设计依据如下。

（1）有关标准、规程、规范及规定。为了保证安全生产，国家及有关部门发布了各类安全标准及有关的文件，这些是编制安全检查表的主要依据。为了便于工作，有时要将检查条款的出处加以注明，以便能尽快统一不同意见。

（2）国内外事故案例。收集同行业国内外的事故案例，识别并分析其中的风险因素，将其作为安全检测的重点。在安全检查表中，应该将国内外以及本单位在安全管理和生产方面积累的经验作为一项重要内容，以确保安全管理和生产的有效性。

（3）系统分析。通过系统分析，确定的危险部位及防范措施，都是安全检查表的内容。

（4）研究成果。在现代信息社会和知识经济时代，知识的更新很快，编制安全检查表必须采用最新的知识和研究成果。包括新的方法、技术、法规和标准。

在使用安全检查表进行分析时可遵循图 5-1-2 所示的流程。

```
┌─────────────────┐     ┌──────────────────────────────────────┐
│ 组建安全检查表编制组 │────▶│ 由安全专家、技术人员、管理人员和操作员组成 │
└─────────────────┘     └──────────────────────────────────────┘
         │
         ▼
┌─────────────────┐     ┌──────────────────────────────────────┐
│ 收集同类安全检查表 │────▶│ 评价方法、评价结果、使用效果，在用的检查表 │
└─────────────────┘     └──────────────────────────────────────┘
         │
         ▼
┌─────────────────┐     ┌──────────────────────────────────────┐
│   分析评估对象   │────▶│ 分析评估对象的结构、功能、工艺条件、管理     │
└─────────────────┘     │ 状况、运行环境、可能的事故后果，注意收集     │
                        │ 以前发生事故的记录和各类图纸及说明书        │
                        └──────────────────────────────────────┘
         │
         ▼
┌─────────────────┐     ┌──────────────────────────────────────┐
│   确定评估项目   │────▶│ 根据各单元危险因素清单确定                │
└─────────────────┘     └──────────────────────────────────────┘
         │
         ▼
┌─────────────────┐     ┌──────────────────────────────────────┐
│    编制表格     │────▶│ 序号│检查项目│依据│结果(是/否)│问题      │
└─────────────────┘     └──────────────────────────────────────┘
         │
         ▼
┌─────────────────┐     ┌──────────────────────────────────────┐
│    专家会审     │────▶│ 检查有无遗漏项目                         │
└─────────────────┘     └──────────────────────────────────────┘
         │
         ▼
┌─────────────────┐     ┌──────────────────────────────────────┐
│    表格使用     │◀────│ 补充与修订                              │
└─────────────────┘     └──────────────────────────────────────┘
```

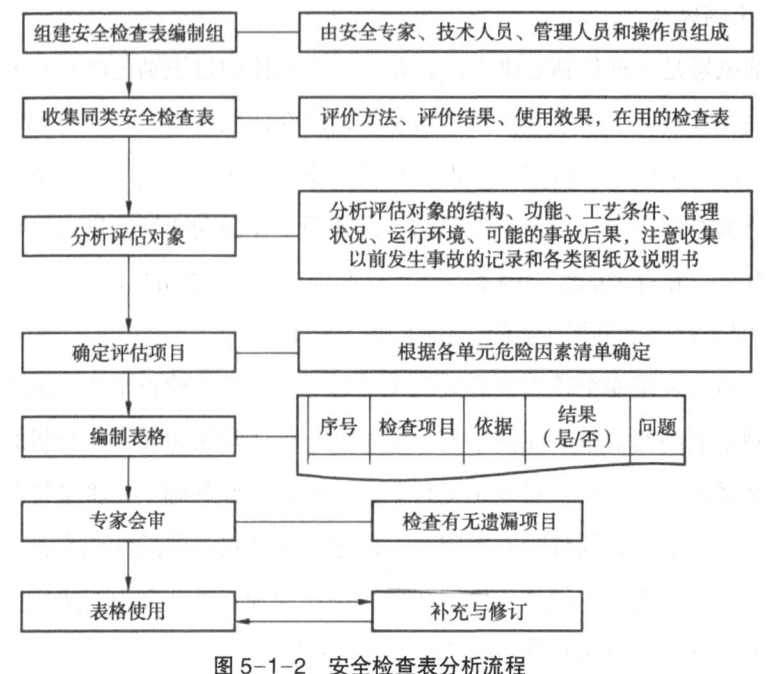

图 5-1-2　安全检查表分析流程

2. 系统安全分析方法

系统安全分析方法常用于复杂系统、没有事故经验的新开发系统。为了能够使风险辨识和风险分析更加系统，危险、危害事件及其产生的原因识别更加全面，需要应用一些科学的系统安全分析方法来帮助分析。常用的分析方法包括：预先危险性分析、事故树分析、事件树分析、危险与可操作性研究、故障模式与影响分析等。

1）预先危险性分析（PHA）

预先危险性分析（preliminary hazard snalysis，PHA），也称初始危险分析。预先危险性分析通常是在工程活动之前或技术改造之后运用的，主要是分析系统存在的危险类别、来源、出现条件、导致事故的后果以及有关措施，通过对这些因素的分析，尽可能地评价出潜在的危险性。进行预先危险分析的主要目的是防止操作人员直接接触对人体有害的物品或材料，防止操作人员使用不安全的装置或采用不安全的技术路线等。

预先危险性分析的内容包括：识别危险的设备、零部件，并分析其发生事故的可能性；分析系统中各子系统、各元件的交界面及其相互关系与影响；分析原材料、产品，特别是有害物质的性能及储运；分析工艺过程及工艺参数或状态参数；分析人、机关系（操作、维修等）；分析环境条件；分析用于保证安全的设备、防护装置等；分析其他危险条件等。

一般而言，预先危险性分析可按如图 5-1-3 所示流程进行。

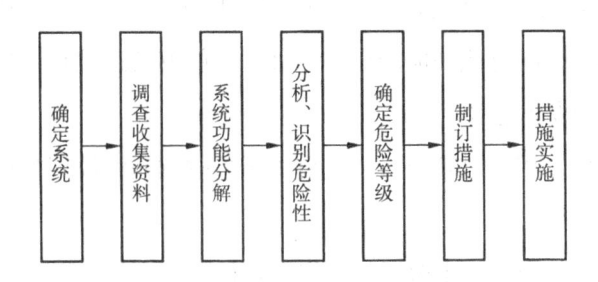

图 5-1-3 预先危险性分析流程

预先危险性分析的流程按从前到后的顺序包含确定系统，调查收集资料，系统功能分解，分析、识别危险性，确定危险等级，制定措施和措施实施。具体如下。

（1）确定系统。明确所分析系统的功能及其分析范围。

（2）调查收集资料。调查生产目的、工艺过程、操作条件和周围环境。收集设计说明书、本单位的生产经验、国内外事故情报及有关标准、规范、规程等资料。

（3）系统功能分解。按系统工程的原理，将系统进行功能分解，并绘出功能框图，表示他们之间的输入和输出关系。

（4）分析、识别危险性。确定危险类型、危险来源、初始伤害及其造成的危险性，对潜在的危险点进行仔细研判。

（5）确定危险等级。在确认每项危险后，都要按其风险大小进行分类。

（6）制定措施。根据危险等级，从软件、硬件两方面制定相应的消除、降低或转移危险性的措施。

（7）措施实施。在工程实践活动中，将制定的措施落实到位，严控风险，避免事故。

在进行预先危险性分析时，应主要从危险因素、诱导因素、事故后果、危险等级、控制措施几个方面入手。

2）故障树分析（FTA）

故障树分析（Fault Tree Analysis，FTA）是一种推理分析生产系统或作业中可能出现问题和可能导致的灾难结果的系统安全分析方法。该方法通过按照工艺流程、先后顺序和因果关系来绘制程序方框图，描述各种因素之间的逻辑联系，以分析导致灾难和伤害事故的原因。故障树分析法由输入符号或关系符号组成，以便分析系统的安全问题或功能问题。这种方法能够帮助确认事故因素之间的关系和灾害或伤害的发生途径。

故障树分析可以用于风险分析，也可用于事故调查的原因分析。故障树分析可按如下的步骤进行。

（1）熟悉系统。要详细了解系统状态及各种参数，绘出工艺流程图或布置图。

（2）调查事故。收集事故案例，进行事故统计，设想给定系统可能发生的事故。

（3）确定顶上事件。要分析的对象即为顶上事件。对所调查的事故进行全面分析，从中找出后果严重且较易发生的事故作为顶上事件。

（4）确定目标值。根据经验教训和事故案例，经统计分析后，求解事故发生的概率（频率），以此作为要控制的事故目标值。

（5）调查原因事件。调查与事故有关的所有原因事件和各种因素。

（6）画出故障树。从顶上事件起，逐级找出直接原因的事件，直至所要分析的深度，按其逻辑关系，画出故障树。

（7）分析。按故障树结构进行简化，确定各基本事件的结构重要度。

（8）事故发生概率。确定所有事故发生概率，标在故障树上，并进而求出顶上事件（事故）的发生概率。

（9）比较。比较分可维修系统和不可维修系统进行讨论，前者要进行对比，后者求出顶上事件发生概率即可。

（10）分析。在分析时可视具体问题灵活掌握，如果故障树规模很大，可借助计算机进行。

3)事件树分析(ETA)

事件树分析(event tree analysis,ETA),是一种按事故发展的时间顺序由初始事件开始推论可能的后果,从而进行风险辨识的方法。从一个初因事件开始,按照事故发展过程中事件出现与不出现,交替考虑成功与失败两种可能性,然后又把两种可能性分别作为新的初因事件进行分析,直到分析出最终结果为止。

事件树分析可用于事前预测事故及不安全因素,估计事故的可能后果,事后分析事故原因。事件树分析资料既可作为直观的安全教育资料,也有助于推测类似事故。当积累了大量事故资料时,可采用计算机模拟,使 ETA 对事故的预测更为有效。在安全管理上用 ETA 对重大问题进行决策,具有其他方法所不具备的优势。

事件树分析可按如下步骤进行:确定或寻找初因事件;构造事件树;进行事件树的简化;进行事件序列的定量化(图 5-1-4)。

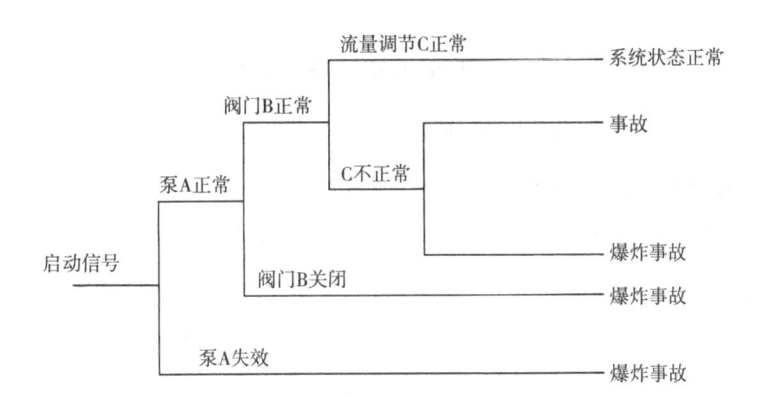

图 5-1-4 事件树分析

4)危险与可操作性研究(HAZOP)

危险与可操作性研究(hazard and operability analysis,HAZOP),是以系统工程为基础的一种可用于定性分析或定量评价的危险性评价方法,用于探明生产装置和工艺过程中的危险及其原因,寻求必要对策。

HAZOP 分析是一种用于辨识设计缺陷、工艺过程危害及操作性问题的结构化分析方法。该方法的本质就是通过一系列的会议对工艺图纸和操作规程进行分析。在这个过程中，由各专业人员组成的分析组按规定的方式，系统地研究每一个单元（即分析节点），分析偏离设计工艺条件的偏差所导致的危险和可操作性问题。HAZOP 分析常被用于辨识静态和动态过程中的危险性，对新技术新工艺尚无经验时辨识危险性很适用。

HAZOP 分析可按如图 5-1-5 步骤进行。

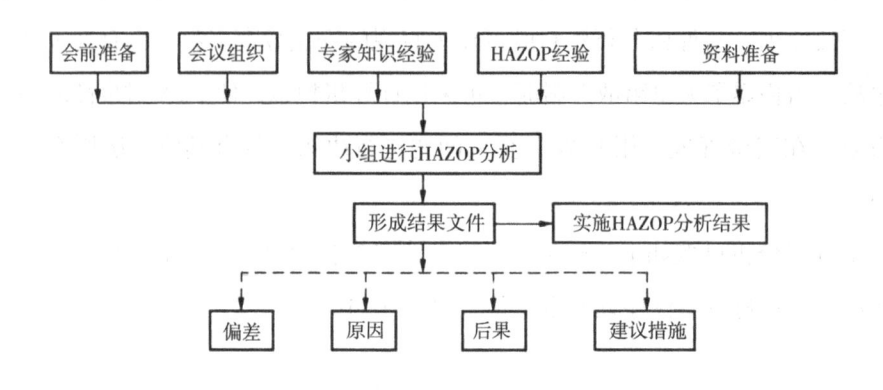

图 5-1-5　HAZOP 分析步骤

5）故障模式与影响分析（FMEA）

故障模式影响分析（failure mode and effect analysis，FMEA），是系统安全工程的一种方法，根据系统可以划分为子系统、设备和元件的特点，按实际需要，将系统进行分割，然后分析各自可能发生的故障类型及其产生的影响，以便采取相应的对策，提高系统的安全可靠性。故障模式与影响分析可以用来对系统、设备、设施进行详细的风险分析，为系统、设备、设施的检修维护标准的制订提供依据。故障模式与影响分析（FMEA）的步骤如下。

（1）系统、设备、设施的选择。

（2）将系统、设备、设施分解为具体子系统或元件。

（3）识别每个子系统或元件的危害与风险。

（4）确定风险控制和预防措施。

（5）编制检修维护标准、检查表。

故障模式与影响分析步骤流程如图 5-1-6 所示。

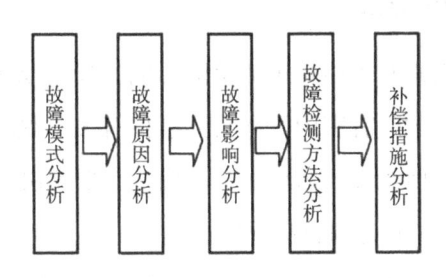

图 5-1-6 故障检测方法分析

在对设备和装置进行风险分析时，通常考虑三个因素：故障发生的可能性 P，影响的严重度 S 和失效模式的可探测度 D，即 $R=P\times S\times D$（表 5-1-3、表 5-1-4）。

表 5-1-3 三种因素的分值范围

故障可能性	P 值	影响严重度	S 值	失效模式可探测度	D 值
肯定发生	0.9	设备报废，或致人员死亡	100	缺乏技术和手段	100
极有可能	0.7	设备损坏，系统中断 8 h 以上	80	昂贵或不能直接检测	80
有可能	0.5	设备损坏，系统中断 4 h	50	检测复杂，时间长	50
可能，很少	0.3	设备故障，系统短暂停止	10	容易检测	10
极不可能	0.1	设备故障，可继续运行	1	检查即可发现	1

表 5-1-4 不同危险等级的危险性分值范围

风险等级	R 值
极度风险	≥800
高度风险	≥400
中度风险	≥250
低度风险	>80
可承受风险	≤80

（二）安全风险评估方法

风险是将危害性因素和可能带来的负面影响、损失或伤害等结果综合考虑的情况。危险往往与某一危险有害因素和具体事件有关，脱离危险有害因素或具体事件来谈风险，没有任何意义。风险的大小由两个要素决定，即危险有害因素导致的特定事件的可能性和特定事件后果的严重度。

风险评估的目的是对煤矿所有危险有害因素进行风险等级划分，从而确定风险管控的重点区域和项目。风险评估是为安全风险分级管控确定目标的过程。

根据系统的复杂程度，风险评价可以采用定性、定量和半定量的评价方法。具体采用哪种评价方法，需根据煤矿自身特点以及其他相关因素进行确定。

1. 定性风险评价方法

定性风险评价方法是对生产系统的各方面情况进行定性分析，主要根据经验与直观判断能力对其进行分析，主要包括生产系统的工艺、设备、设施、环境、人员和管理等方面。定性风险评价方法的评价结果是一些定性的指标，比如是否达到了某项安全指标、事故类别和导致事故发生的因素等。

2. 定量风险评价方法

定量风险评价方法是通过对大量实验结果和事故统计资料进行分析，在分析后得出一些指标或规律。之后通过这些指标或规律对生产系统的工艺、设备、设施、环境、人员和管理等方面的情况进行定量计算。定量风险评价方法的评价结果是一些定量的指标，如事故发生概率、事故伤害范围、事故致因因素的关联程度或重要性等。

3. 半定量风险评价方法

半定量风险评价方法是将实践经验和数学模型结合起来，对生产系统的生产工艺、设备、环境、设施、管理和人员等方面的情况进行综合定性和定量的分析方法。这种方法的评价结果是一些半定量指标。由于其易于操作，而且能够根据分值确定风险等级，因此被广泛使用。在半定量风险评估法中，有三种常用的方法，由于前面已经介绍了故障模式与影响分析法（FMEA），因此不再详细赘述，这里主要介绍另外两种方法。

1）作业条件危险性评价法（LEC）

作业条件危险性评价法是一种简便的对作业人员进行危险性、危害程度的半定量化评价方法。适用于对作业环境风险进行评价，如对温度、光照、压力、辐射、空气质量、有害病菌等进行评价。

作业条件危险性评价法用与系统风险有关的三种因素指标值的乘积来评价操作人员伤亡风险大小，这三种因素分别是：L（likelihood，事故发生的可能性）、E（exposure，人员暴露于危险环境中的频繁程度）和C（criticality，一旦发生事故可能造成的后果）。给三种因素的不同等级分别确定不同的分值，再以三个分值乘积D（danger，危险性）来评价作业条件危险性的大小，即$D=L \times E \times C$（表5-1-5、表5-1-6）。

表 5-1-5　三种因素的分值范围

发生事故的可能性（L）		暴露于危险环境的频繁程度（E）		发生事故产生的后果（C）	
分数值	可能程度	分数值	频繁程度	分数值	后果严重程度
10	完全可能预料	10	连续暴露	100	大灾难，许多人死亡
6	相当可能	6	每天工作时间暴露	40	灾难，数人死亡
3	可能，但不经常	3	每周一次	15	非常严重，一人死亡
1	可能性小，完全意外	2	每月一次	7	严重，重伤
0.5	很不可能，可以设想	1	每年几次	3	重大，致残
0.2	极不可能	0.5	罕见	1	引人注目，需要救护
0.1	实际不可能				

表 5-1-6　不同危险等级的危险性分值范围

危险等级划分（D）	
分数值	危险程度
>320	极其危险，不能继续作业
160～320	高度危险，要立即整改
70～160	显著危险，需要整改
20～70	一般危险，需要注意
<20	稍有危险，可以接受

2）风险矩阵评价法

因风险是特定危害性事件发生的可能性与后果的组合，风险矩阵法就是将可能性（L）的大小和后果（S）的严重程度分别用表明相对差距的数值来表示，然后用两者的乘积反映风险程度（R）的大小，即 $R=L \times S$。风险矩阵评价法是一种适合大多数风险评价的方法。

第二节 安全风险的管控

一、工作要求、评分标准和理解要点

（一）工作要求

1. 内容要求

制定一项工作机制，要求矿长和分管负责人定期检查和分析安全风险，并评估管控措施的实施情况和效果。在这个基础上，进一步完善管理和控制措施。

建立安全风险辨识评估结果应用机制，将安全风险辨识评估的结果用在各种技术文件的编制与完善上，如生产计划、作业规程、操作规程、灾害预防与处理计划、应急救援预案、安全技术措施等方面。

制定专门的安全风险管控计划，明确责任人员、资金保障，以确保重大安全风险得到有效控制。

2. 现场检查

跟踪重大安全风险管控措施落实情况，执行煤矿领导带班下井制度，发现问题及时整改。

3. 公告警示

及时公告重大安全风险。

（二）评分标准

表 5-2-1 为安全风险管控工作要求和评分标准。

表 5-2-1 安全风险管控工作要求和评分标准

项目	项目内容	基本要求	标准分值	评分方法
安全风险管控（35分）	管控措施	1.重大安全风险管控措施由矿长组织实施，有具体工作方案，人员、技术、资金有保障	5	查资料。组织者不符合要求、未制定方案不得分，人员、技术、资金不明确、不到位1项扣1分
		2.在划定的重大安全风险区域设定作业人数上限	4	查资料和现场。未设定人数上限不得分，超1人扣0.5分
	定期检查	1.矿长每月组织对重大安全风险管控措施落实情况和管控效果进行一次检查分析，针对管控过程中出现的问题调整完善管控措施，并结合年度和专项安全风险辨识评估结果，布置月度安全风险管控重点，明确责任分工	8	查资料。未组织分析评估不得分，分析评估周期不符合要求，每缺1次扣3分，管控措施不作相应调整或月度管控重点不明确1处扣2分，责任不明确1处扣1分
		2.分管负责人每旬组织对分管范围内月度安全风险管控重点实施情况进行一次检查分析，检查管控措施落实情况，改进完善管控措施	8	查资料。未组织分析评估不得分，分析评估周期不符合要求，每缺1次扣3分，管控措施不作相应调整1处扣2分
	现场检查	按照《煤矿领导带班下井及安全监督检查规定》，执行煤矿领导带班制度，跟踪重大安全风险管控措施落实情况，发现问题及时整改	6	查资料和现场。未执行领导带班制度不得分，未跟踪管控措施落实情况或发现问题未及时整改1处扣2分
	公告警示	在井口（露天煤矿交接班室）或存在重大安全风险区域的显著位置，公告存在的重大安全风险、管控责任人和主要管控措施	4	查现场。未公示不得分，公告内容和位置不符合要求1处扣1分

（三）理解要点

安全风险管控是指在安全风险辨识评估基础上，针对辨识出的危险有害因素，制定相应控制措施、实施控制措施、检查控制措施落实情况以及完善管控措施，最终实现安全风险管控目标的持续改进过程。煤矿应建立安全风险辨识结果应用机制和安全风险管控措施落实情况定期检查工作机制，针对可能引发群死群伤事故的重大安全风险制定管控措施和实施方案，加强现场检查工作，始终使风险控制在可接受范围内。

在评分标准中，要求重大安全风险管控措施由矿长组织实施，明确了安全管理责任。在工作要求和评分标准中，均未对重大安全风险给出明确标准，煤矿可根据其在安全风险评估时，所采用评估方法对风险的划分标准，作为确定重大安全风险的标准。建议煤矿可参照《国务院安委会办公室关于实施遏制重特大事故工作指南构建双重预防机制的意见》（安委办〔2016〕11号）中对安全风险等级的划分，即企业至少将安全风险等级划分为四级，从高到低分为重大风险、较大风险、一般风险和低风险，分别用红、橙、黄、蓝四种颜色标示。在重大安全风险涉及包含水、火、瓦斯、煤尘、顶板、冲击地压等危险有害因素以及运输提升系统时，要求由矿长组织管控措施的制定实施，管控措施应明确工作内容、责任人、完成时间以及资金等内容和要求。

煤矿应根据其自然条件、生产系统、生产工艺、生产设备、重大灾害等因素，依据其辨识评估确定的重大安全风险所在的具体位置，划定重大安全风险区域，并根据该区域工作的岗位需求设定作业人数上限。建议参照国家安全监管总局、国家煤矿安监局印发《关于减少井下作业人数提升煤矿安全保障能力的指导意见》（安监总煤行〔2016〕64号）的通知要求，在满足工作的前提下，人数上限越少越好。

定期检查是强化安全风险管控措施贯彻落实的有效手段。煤矿须制定定期检查制度，明确矿长、分管负责人和相关人员的工作职责；明确定期检查的工作内容和要求，即规定矿长每月组织对重大安全风险管控措施落实情况和管控效果进行一次检查分析，发现问题并提出解决方案，同时结合年度和专项安全风险辨识评估结果，布置月度安全风险管控重点。规定分管负责人每旬组织对分管范围内月度安全风险管控重点和管控措施落实情况进行一次检查分析，针对管控过程中出现的问题，调整和完善管控措施；明确定期检查工作的开展形式，可在矿长办公会、安全例会中增加该项内容，或召开专题会议，同时要求在会议纪要或记录等资料中包含定期检查相关工作内容。

在强化定期检查工作的同时，应严格按照《煤矿领导带班下井及安全监督检查规定》，执行煤矿领导带班制度，在履行日常安全检查工作中，注意跟踪重大安全风险管控措施落实情况，对于发现的问题应根据具体情况，组织现场整改或提交给分管领导研究整改措施并落实。

二、重大安全风险管控措施制定

为了实现对安全风险的管控，需要制定系统科学、切实可行的控制措施。面对生产和运行系统存在的诸多安全风险，煤矿需要按照风险的不同级别、所需管控资源、管控能力、管控措施复杂及难易程度等因素确定风险的管控层级和管控方式。重大安全风险管控措施的制定，应在对其诱发事件或事故机理深入研究基础上，依据风险管控的要求、原则、方法和策略，综合考量煤矿自身实际，系统策划、科学设计。

（一）风险管控措施制定的基本要求

1. 基本要求

针对安全风险，采取控制措施时，应该达到以下要求。

（1）预防生产和管理过程中产生危险有害因素。

（2）排除工作场所的危险有害因素。

（3）处置危险有害物并减低到国家规定的限值内。

（4）预防生产装置失灵和操作失误产生的危险有害因素。

（5）发生意外事故时能为遇险人员提供自救条件。

2. 针对性、可操作性和经济合理性

煤矿在制定风险管控措施时，要想使得措施更具有针对性，就需要根据煤矿自身的特点以及辨识出的主要危险有害因素及其产生的危险、危害后果的条件来制定。需要注意的是，这些危险有害因素产生的危险与后果具有隐蔽性、随机性、交叉影响性等特点，所以监管措施不能仅考虑单一危险有害因素，还需要以全面达到系统风险管控为目的，综合采用优化的组合措施。

煤矿应该根据自身实际情况，保证制定的风险管控措施在经济、技术、时间上是可行的，确保其能够落实、贯彻和实施，具有可操作性。

煤矿制定安全风险管控措施时，不应超越涉及项目的经济和技术水平，防止按过高的标准或指标提出预控方案，保证其经济合理性。

（二）安全风险管控措施的选择

煤矿在制定安全风险管控措施时，一般应按照工程技术措施、管理措施、个体防护措施以及应急处置措施的先后逻辑顺序进行选择。

1. 工程技术措施

工程措施一般包括但不限于以下几项。

（1）用较安全的动力或能源替代风险大的动力或能源。例如，煤矿用水力采煤代替爆破采煤、用液压动力代替电力等。

（2）限制能量。例如，利用安全电压设备、降低设备的运转速度、限制露天爆破装药量等。

（3）防止能量蓄积。例如，通过良好接地消除静电蓄积、采用通风系统控制易燃易爆气体的浓度等。

（4）降低能量释放速度。例如，采用减振装置吸收冲击能量、使用防坠落安全网等。

（5）开辟能量异常释放的渠道。例如，给电器安装良好的地线、在压力容器上设置安全阀等。

（6）设置屏障。屏障是防止人体与能量直接接触的物体，如机械运动部件的防护罩、电器的外绝缘层、安全围栏、防火门、防爆墙等。

（7）设置警告信息。如各种警告标志、声光报警器等。

2. 管理措施

管理措施一般包括但不限于：制定实施作业程序、安全许可、安全操作规程等，减少暴露时间（如异常温度或有害环境），监测监控风险（尤其是高毒物料的使用），警报和警示信号；安全互助体系，培训，风险转移（共担）。

3. 个体防护措施

个体防护措施主要有四项内容。一是个体的防护用品，主要包括防护服、耳塞、听力防护罩、防护眼镜、护手套、绝缘鞋、呼吸器等。二是在遇到工程控制措施无法消除或减弱危险有害因素的情况时，应该采取防护措施。三是如果发生处置异常或紧急情况时，应该佩戴好防护用品。四是当有变更情况发生时，并且风险控制措施还没及时落实，应该佩戴好防护用品。

4. 应急控制措施

应急控制措施一般包括但不限于以下三项。

（1）煤矿应对自身可能发生的应急事件进行事前分析和应急准备。

（2）编制应急预案。

（3）提高应急事件可能涉及人员的应急能力。

（三）重大安全风险管控策略

对于重大安全风险，如果需通过工程技术措施和（或）技术改造才能控制，应该制定控制该类风险的目标，并为实现目标制定方案。如果属于经常性或周期性工作中的不可接受风险，不需要通过工程技术措施，但需要制定新的文件（程序或作业文件）或修订原来的文件，文件中应明确规定对该种风险的有效控制措施，并在实践中落实这些措施。当然，有些重大风险可能需要多种管控措施的组合进行控制。

煤矿在制定重大安全风险管控措施时，可以根据危险有害因素类型和风险状况，按照特定的原则，确定控制手段、支持方式和监测方式。

三、重大安全风险管控措施实施

煤矿应采取适当的方式将安全风险管控措施融入煤矿安全生产的每个工作流程中，确保每个员工都掌握与本岗位相关的安全风险管控措施、具备控制风险的能力。同时，针对不同级别的风险须实行分级管控，网格化管理，按不同级别、不同专业、不同部门分工落实管控措施。

（一）安全风险管理目标与计划

煤矿应根据年度安全风险评估、专项安全风险评估结果，针对现有存在重大安全风险的重要设备、设施、系统性危险因素、生产工艺流程等制定风险控制目标与计划、安全专项治理目标与计划等，依据安全风险评估提出的建议控制措施制定风险安全目标、任务和计划。

风险管理目标、任务和计划应按照现实性、关键性、预防性的原则制定,并按照目标管理的 SMART 原则,为实现目标确定任务,并做到经济合理、可操作性强,对安全风险控制和事故预防具有针对性。

通常,根据风险评估结果,煤矿应制定的安全风险管理目标、任务和计划,包括年度"安全风险管理目标与计划""安全技术措施资金项目计划"及月度执行计划等。

煤矿制定年度安全风险管理目标与计划时,可参考特定的要求,根据自身的实际情况进行修订。"安全技术措施资金项目计划"及月度计划可按照煤矿现行编制办法制订。

(二)安全作业指导书

安全作业指导书是执行任务所需的安全工作程序指南,包括正确的工作步骤、切实可行的安全措施,以确保不会对工作执行人员的安全和健康带来风险。安全作业指导书的形式有安全操作规程、作业规程、工作票、操作票等,是生产过程中作业风险控制的重要指导文件,也是作业过程安全监督检查的重要依据,同时也是现场安全操作培训的重要学习内容。所有高风险的工作活动均需要作业指导书的制定和执行来规范操作行为。

煤矿通过对高风险的作业活动进行工作安全分析,清楚安全工作的步骤、作业过程潜在的风险和相应的安全措施。工作安全分析是安全作业指导书编制的主要依据,可以直接利用这些风险评估成果来指导作业指导书的编写和修订,明确安全工作的步骤、安全措施、个体防护要求等内容。

(三)制定设备检修维护标准和检查表

设备检修维护标准是设备检查、维护、检修的指导性管理文件,它明确了设备管理的职责和要求,包括检查、维护、试验、检查、保养、检修的周期和项目的要求。设备的检查表是检查和判断设备、设备状况的依据,能够帮助煤矿及时发现问题,为检修维护提供依据。

煤矿通过对高风险的设备进行故障模式和影响分析,清楚设备或设施的关键部件的故障模式、故障影响、潜在的故障原因和相应的安全措施。设备检修维护标准和检查表应以故障模式与影响分析结果为基础来编制，将每个关键部件（构件）作为检查项目，并详细列出各个关键部件的完好标准要求，以指导设备运行管理和检查维护工作。

（四）矿井安全监测监控项目和方式

在对煤矿系统进行年度安全风险评估、专项安全风险评估后，围绕矿井的水、火、瓦斯、煤尘、顶板等自然灾害以及采掘、机电、运输、通风、排水等主要生产环节，识别可能导致事故或失效的需要监测的系统性危险有害因素。

煤矿可根据风险评估确定的危险点和监测建议，确定关键控制点、安全监测监控项目和方式，编制或完善相应危险有害因素的控制标准、监测指标和管理制度，明确监测周期和方式，对生产系统的运行情况要适时进行监测与监控，包括监测矿井环境安全、矿井生产监控系统等。其中，矿井环境安全监测主要是监测井下那些会影响生产安全与矿工人身安全的环境因素；矿井生产监控系统主要是对煤矿生产的主要设备的运行情况进行监控。

（五）紧急情况应急预案

应急管理是指采用现代技术手段和现代管理方法，对突发事件进行有效的应对、控制和处理的方法和技术体系，降低突发性事件的危害。应急管理主要适用于高风险紧急情况的管理，通过建立应急救援体系、应急预案并进行应急救援培训和演练，对紧急情况下的风险进行管理。

煤矿应急预案制定的前提是在紧急情况风险评估的基础上，根据紧急情况风险评估结果，确定应急管理系统和措施，编制应急预案和现场处置措施，组建应急指挥和救援组织，完善应急物资和装备配备等。

综合而言，矿长负责组织实施重大风险管控措施，并提供详细的工作计划以及足够的人力、技术和资金支持。如果风险值无法通过增加资源的投入来降低，那么必须采取隐患治理措施以保障工作安全，并禁止工作。针对高风险因素，煤矿也应该制定相关措施，及时进行控制管理。对于有较大及以上风险的因素，煤矿企业必须重点对其进行控制管理，这一工作可以由安全主管部门或其他职能部门负责，根据各自的职责分工来具体实施。在从事可能涉及风险的工作或正在进行的工作，应立即采取应急措施，并根据实际情况制订目标、指标、管理方案或资源分配计划、治理期限等措施，以确保控制和减少风险，等风险降低后再开始工作。

第三节　安全风险管控的保障措施

一、工作要求、评价标准和理解要点

（一）工作要求

一是积极开展安全风险分级管控工作，可以采用信息化管理手段完成这一工作。二是要定期组织安全风险知识的培训工作。

（二）评分标准

表 5-3-1 为保障措施工作要求和评分标准。

表 5-3-1　保障措施工作要求和评分标准

项目	项目内容	基本要求	标准分值	评分方法
保障措施（15分）	信息管理	采用信息化管理手段，实现对安全风险记录、跟踪、统计、分析、上报等全过程的信息化管理	4	查现场。未实现信息化管理不得分，功能每缺1项扣1分
	教育培训	1. 入井（坑）人员和地面关键岗位人员安全培训内容包括年度和专项安全风险辨识评估结果、与本岗位相关的重大安全风险管控措施	6	查资料。培训内容不符合要求1处扣1分
		2. 每年至少组织参与安全风险辨识评估工作的人员学习1次安全风险辨识评估技术	5	查资料和现场。未组织学习不得分，现场询问相关学习人员，1人未参加学习扣1分

(三)理解要点

在《煤矿安全生产标准化管理体系基本要求及评分方法》中,重点强调通过信息管理和教育培训保障安全风险管控措施的贯彻实施。要求采用信息化手段实现对安全风险记录、跟踪、统计、分析、上报等。鉴于当前煤矿信息化技术应用状况,有条件的煤矿可选择管理信息系统。煤矿安全风险分级管控体系建设需要其全体员工不同程度地掌握与安全风险管控相关的知识和技能,培训则是获得这些知识和技能的最重要手段。

信息化手段在现代安全管理体系的建设和运行中发挥了重要作用。当前在企业广泛应用的一些安全管理体系都有支持其运行的安全管理信息系统,如Enviance 安全管理信息系统、EHS 安全管理信息系统、RMSS 运维支撑系统、Risk Management 安全管理信息系统等。煤矿安全风险预控管理体系也有与其配套的风险预控管理信息系统。在煤矿安全风险分级管控体系建设中,采用管理信息系统作为支持手段,可以实现其建设和运行过程的程序化、规范化和信息化。

培训是提高煤矿员工各种知识和技能的重要途径。在煤矿安全风险分级管控体系建设中,不仅参加安全风险辨识评估的人员要通过培训掌握开展风险辨识评估工作的技术和方法,入井(坑)人员和地面关键岗位人员通过培训掌握安全风险辨识评估成果以及与其岗位相关的重大安全风险管控措施,而且煤矿全体员工要通过培训掌握安全风险分级管控的相关知识。培训可以采用集中组织、自学、派出学习、参加研讨等多种方式进行,为了保证学习质量和效果,煤矿应根据学习人员情况、培训目的、培训内容选择适当的培训方法,根据安全风险分级预控对教育培训的要求,补充完善培训计划、程序文件等,真正使员工通过教育培训,提升安全风险管控的知识、技能和方法,增强风险管控理念和意识,在煤矿安全风险分级管控体系建设和运行中发挥积极作用。

二、安全风险管控管理信息系统建设

煤矿安全生产标准化建设工作是一项复杂的系统工程。煤矿安全风险分级管控作为煤矿安全标准化体系中新增加的内容,尽管在《煤矿安全生产标准化管理体系基本要求及评分方法》中，要求现阶段煤矿初步建立安全风险分级管控体系，工作重点在安全管理理念的树立和管理层管控责任的落实，目标是防范遏制重特大事故，但煤矿应该按照整体规划、分步实施的思路，持续推进安全风险分级管控体系建设工作。因此，安全风险管控信息系统应该站在推进安全生产标准化工作的高度，与安全风险分级管控体系建设和运行的更高建设目标相适应。当前，煤矿可以根据其自身资金状况、技术条件、人力资源状况等选择自主开发、委托开发、联合开发、购买成熟软件建设支撑煤矿安全生产标准化工作的综合管理信息系统。

煤矿安全生产标准化综合管理信息系统的建设目标：以支撑煤矿双重预防机制和"三位一体"工作体系建设工作为指导，以煤矿安全风险分级管控和隐患排查治理体系建设、煤矿安全生产标准化要求为基础，体现风险分级管控思想，采用先进的信息技术，建成上下互动、资源共享、统一管理、全员参与的安全信息管理平台。实现对煤矿安全风险分级管控和事故隐患排查治理体系建设的信息化管理，推动煤矿安全生产标准化工作的开展。

将安全风险管控管理信息系统作为煤矿安全生产标准化综合管理信息系统的子系统，或者在煤矿现有其他信息系统中增加安全风险管控子系统。无论煤矿选择何种方式搭建支撑安全风险管控工作的管理信息系统平台，都应该明确其建设目标、功能需求和技术要求等。

（一）系统建设目标

在煤矿安全生产标准化综合管理信息系统整体构架下，通过科学的功能设计、数据库设计和界面设计等，实现与隐患排查治理管理信息子系统和安全生产标准化管理信息子系统的高效集成，保证业务流程前后衔接畅通，多源信息实现充分共享。

建立科学的权限分配和信息共享机制，明确矿长全面负责、分管负责人各负其责的安全风险分级管控工作机制，充分发挥煤矿管理层、各业务科室、生产组织单位（区队）、班组、岗位人员在安全风险分级管控中的作用。

实现安全风险分级管控工作中风险辨识、风险评估、重大风险分析和管控重点确定、风险控制方案与计划制定、监测检查和改进等关键环节操作过程的流程化和程序化，保证相关工作的科学性和准确性，提高工作效率。

建立煤矿危险有害因素、安全风险、管控方案、体系文件及相关制度等基础数据库，实现各类安全信息的动态管理和信息化管理。

系统建设要充分考虑与煤矿各类监测监控系统的集成要求，实现数据共享，充分利用各类实时监控信息，提升对煤矿重大安全风险的预警能力，提高风险管控水平。

（二）系统功能需求

根据煤矿安全风险管控管理信息（子）系统的建设目标和《煤矿安全生产标准化管理体系基本要求及评分方法》中的相关要求，确定煤矿安全风险管控管理信息（子）系统实现的具体功能为以下几项。

1. 基础数据管理

系统的运行需要基础数据的支撑，如单位部门、职员信息、职责职能信息、岗位、特殊工种、特种设备、任务工序、权限信息等。系统应提供基础数据的增加、修改、删除、多条件查询和数据的规范性校验功能等。

2. 工作责任体系管理

依据要求实现矿长全面负责，分管负责人负责分管范围的煤矿安全组织结构，包括组织与安全职责的建立，组织结构的数据增加、修改、删除和信息发布等。

3. 安全风险概述

实现对煤矿安全风险状况的总结，包括危险有害因素总数量、不同风险等级的危险有害因素数量、不同类别的危险有害因素总数量、不同风险等级的工作任务数量等。

4. 风险台账管理

建立安全风险台账，实现安全风险信息的录入、修改、删除功能；实现重大安全风险的上报和信息存档。重大安全风险信息应当包括危险有害因素、地点、风险等级、事故类型、管控措施等相关资料，其中管控措施要求有具体的工作方案，明确人员、技术和资金等。

5. 风险管控计划管理

实现年度风险管控计划管理，包含计划编制、下发、调整和存档等。实现旬、月等检查计划管理，包括计划执行方案，明确检查时间、方式、范围、内容、参加人员等。

6. 风险管控措施检查管理

设计基于不同检查目的的检查工单，实现对重大风险管控措施定期检查和日常检查结果的录入、信息发送、检查分析结果录入、管控措施完善和调整方案录入等。

7. 隐患和事故管理

可与隐患排查治理子系统合并此项功能，这里重点关注对出现隐患和发生事故时，通过分析确定相关重大风险管控措施是否有效、是否得到执行等，进一步完善重大安全风险管控措施，强化重大安全风险管控措施的落实。

8. 信息公告

实现重大风险在信息系统上的公示。

9. 综合查询及统计分析

系统可根据系统日常运行过程中积累的业务数据，按照业务统计规则进行自动汇总，生成各类统计图和报表，为管理层提供决策信息。

10. 资金保障

系统内记录安全生产费用提取、使用制度、年度安全费用预算及月度统计报表、台账等资料。重点关注重大风险管控措施的资金保障情况。

11. 教育培训管理

将安全风险辨识评估技术方法培训、安全风险辨识评估结果培训列入培训计划，实现不同级别安全教育培训计划、培训记录的登记、浏览；实现不同类别培训教材和培训题的登记、浏览；对培训数据进行汇总统计，并自动生成相关报表。

参考文献

[1] 中华人民共和国应急管理部，国家矿山安全监察局．煤矿安全规程 2022[M]．北京：应急管理出版社，2022．

[2] 黄伟．煤矿安全监控实用技术 [M]．北京：煤炭工业出版社，2021．

[3] 李远清，侯军，牛旭军．煤矿机电设备与煤矿安全技术研究 [M]．北京：文化发展出版社，2021．

[4] 李张军．煤矿事故案例选编 [M]．北京：新华出版社，2016．

[5] 张诚之．新编煤矿安全技术 [M]．北京：煤矿工业出版社，2018．

[6] 张美香．安全生产专业实务：煤矿安全技术 [M]．北京：中国市场出版社，2018．

[7] 中国煤炭工业安全科学技术学会安全培训专业委员会，应急管理部信息研究院组织．煤矿安全检查作业 [M]．北京：煤炭工业出版社，2018．

[8] 王海涛．煤矿安全技术 [M]．长春：吉林大学出版社，2017．

[9] 国家安全生产监督管理总局信息研究院组织．煤矿事故应急救援管理 [M]．北京：煤炭工业出版社，2014．

[10] 王小林，于海森．煤矿事故救援指南及典型案例分析 [M]．北京：煤炭工业出版社，2014．

[11] 白瑞峰．煤矿安全生产标准化管理体系建设研究 [J]．内蒙古煤炭经济，2023（14）：104-106．

[12] 陈健，张召玉．煤矿安全生产中人为因素影响及其防范对策 [J]．内蒙古煤炭经济，2023（13）：115-117．

[13] 牛莉霞，赵蕊．大数据时代煤矿安全风险治理模式研究 [J]．煤矿安全，2022，53（07）：241-245．

[14] 白宏旻．煤矿安全与科研管理实践 [J]．中国集体经济，2022（32）：73-75．

[15] 宝银昙．煤矿安全课程思政建设与实践研究 [J]．黑龙江科学，2022，13（19）：

116-118.

[16] 高国忠. 数字化煤矿安全监测监控系统的应用与实践 [J]. 产业创新研究，2022（20）：94-96.

[17] 霍栋，王代红. 煤矿信息化在煤矿安全生产中的实践研究 [J]. 数字通信世界，2022（10）：164-166.

[18] 王新梅，袁机换. 基于 DEA 模型的煤矿安全管理效率评价 [J]. 能源与节能，2022（08）：145-148.

[19] 康士军. 煤矿安全文化与安全绩效的关系 [J]. 内蒙古煤炭经济，2022（15）：116-118.

[20] 段海亮，吴海旭. 煤矿安全监控系统现场运行维护 [J]. 陕西煤炭，2022，41（04）：202-205.

[21] 万昭迎. 改革开放以来中国共产党保障安全生产工作研究 [D]. 长春：吉林大学，2023.

[22] 李敏敏. 基于历史事故的煤矿安全知识图谱构建及应用 [D]. 淮南：安徽理工大学，2022.

[23] 李伟良. 煤矿智能化综采工作面安全评价研究 [D]. 北京：北京交通大学，2022.

[24] 周师. 基于安全效益分析的煤矿安全投入决策研究 [D]. 阜新：辽宁工程技术大学，2022.

[25] 张建强. 整体托管煤矿安全管理水平评价研究 [D]. 呼和浩特：内蒙古科技大学，2022.

[26] 赵宗华. 基于案例与标准的煤矿安全事故关键风险识别 [D]. 武汉：中南财经政法大学，2022.

[27] 张晓东. 煤矿生产系统安全风险评价研究 [D]. 长沙：中南大学，2022.

[28] 桑利斌. 团队关系冲突对煤矿安全绩效的影响研究 [D]. 太原：太原理工大学，2022.

[29] 张雪芳. 基于系统动力学的煤矿安全投入决策研究 [D]. 阜新：辽宁工程技术大学，2022.